UG

CANLLAW I FYFYRWYR

CBAC

Hanes

Uned 2: Weimar a'i Sialensiau, tua 1918–1933

Gareth Holt

HODDER EDUCATION
AN HACHETTE UK COMPANY

CBAC UG Hanes Uned 2: Weimar a'i Sialensiau, tua 1918–1933. Canllaw i Fyfyrwyr

Addasiad Cymraeg o *WJEC AS Level History Unit 2: Weimar and its challenges c. 1918–1933* a gyhoeddwyd yn 2019 gan Hodder Education

Ariennir yn Rhannol gan **Lywodraeth Cymru**
Part Funded by **Welsh Government**

Cyhoeddwyd dan nawdd Cynllun Adnoddau Addysgu a Dysgu CBAC

Hodder Education, an Hachette UK Company, Carmelite House, 50 Victoria Embankment, London EC4Y 0DZ

Archebion: cysylltwch â Hachette UK Distribution, Hely Hutchinson Centre, Milton Road, Didcot, Oxfordshire, OX11 7HH.

Ffôn: +44 (0)1235 827827.

E-bost: education@hachette.co.uk.

Mae'r llinellau ar agor rhwng 9.00 a 17.00 o ddydd Llun i ddydd Gwener. Gallwch hefyd archebu trwy wefan Hodder Education: www.hoddereducation.co.uk.

Mae cyn-gwestiynau papurau arholiad CBAC yn yr adran Cwestiwn ac Ateb wedi'u hatgynhyrchu gyda chaniatâd CBAC.

Llun y clawr: pingebat/AdobeStock

Teiposodwyd gan Integra Software Services Pvt. Ltd., Puducherry, India

Argraffwyd yn yr Eidal

Polisi Hachette UK yw defnyddio papurau sy'n gynhyrchion naturiol, adnewyddadwy ac ailgylchadwyogoed a dyfwyd mewn coedwigoedd sydd wedi eu rheoli'n dda, a ffynonellau eraill a reolir. Disgwylir i'r prosesau torri coed a gweithgynhyrchu gydymffurfio â rheoliadau amgylcheddol y wladymae'r cynnyrch yn tarddu ohoni.

Cynnwys

Arweiniad i'r Cynnwys

Cwestiynau ac Atebion

■ Gwneud y gorau o'r llyfr hwn

Cyngor

Cyngor ar bwyntiau allweddol yn y testun i'ch helpu i ddysgu a chofio cynnwys, osgoi camgymeriadau, a mireinio eich techneg arholiad er mwyn gwella eich gradd.

Gwirio gwybodaeth

Cwestiynau cyflym sy'n codi drwy'r adran 'Arweiniad i'r Cynnwys', er mwyn gwirio eich dealltwriaeth.

Atebion gwirio gwybodaeth

1 Trowch i gefn y llyfr i gael atebion i'r cwestiynau gwirio gwybodaeth.

Crynodebau

■ Ar ddiwedd pob testun craidd, mae crynodeb ar ffurf pwyntiau bwled er mwyn i chi weld yn gyflym beth mae angen i chi ei wybod.

Cwestiynau enghreifftiol

Sylwadau ar yr atebion enghreifftiol

Darllenwch y sylwadau (sy'n dilyn yr eicon **a**) sy'n dangos faint o farciau byddai pob ateb yn eu cael yn yr arholiad, ac yn dangos ble yn union mae marciau yn cael eu hennill neu eu colli.

Enghreifftiau o atebion myfyrwyr

Gallwch chi ymarfer y cwestiynau, cyn edrych ar yr atebion posibl sy'n dilyn.

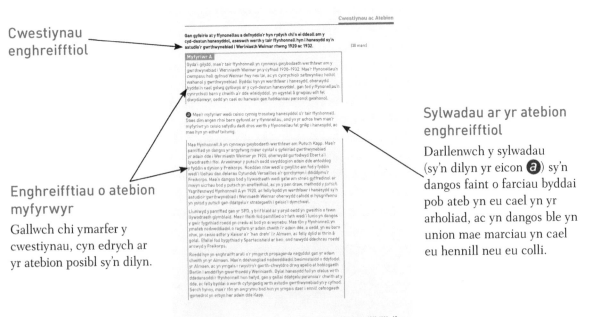

■ Ynglŷn â'r llyfr hwn

Mae'r canllaw hwn yn ymdrin ag UG Uned 2 Opsiwn 8 Yr Almaen: Democratiaeth ac Unbennaeth tua 1918–1945; Rhan 1: Weimar a'i Sialensiau, tua 1918–1933 ym manyleb TAG CBAC, sy'n werth 20% o'r cymhwyster Safon Uwch cyfan, a 50% o'r UG.

Mae'r adran **Arweiniad i'r Cynnwys** yn amlinellu meysydd cynnwys allweddol y cyfnod 1918–1933. Mae rhan gyntaf yr adran hon yn canolbwyntio ar y sialensiau roedd Gweriniaeth Weimar yn eu hwynebu rhwng 1918 ac 1923. Yna mae'n edrych ar faint o newid a fu mewn polisi tramor ac economaidd rhwng 1924 ac 1929. Mae'n dadansoddi'r newid yn hynt y Blaid Natsïaidd rhwng 1924 ac 1933. Mae rhan nesaf yr opsiwn yn ymdrin ag argyfwng Gweriniaeth Weimar rhwng 1929 ac 1933. Mae'n dadansoddi cefndir esgyniad y Natsïaid i rym, ac yn gwerthuso'r datblygiadau allweddol a alluogodd Hitler i ddod yn ganghellor yn 1933. Yn olaf, mae'r opsiwn yn ystyried dehongliadau hanesyddol o rai o brif ddatblygiadau'r cyfnod, gan ganolbwyntio'n benodol ar y canlynol:

- ansefydlogrwydd gwleidyddol ac economaidd y cyfnod Weimar cynnar, 1918–1923
- datblygiadau domestig a pholisi tramor rhwng 1924 ac 1929
- effaith y Dirwasgiad ar yr Almaen
- esgyniad y Natsïaid i rym 1923–1933

Mae'r adran **Cwestiynau ac Atebion** yn cynnwys enghreifftiau o atebion i'r cwestiynau ymateb estynedig (gwerth 30 marc) yn C1 a C2. Mae'r rhain yn canolbwyntio ar werth ffynonellau hanesyddol i hanesydd ar gyfer datblygiad penodol, ac ar y dehongliadau gwahanol o faterion allweddol y cyfnod. Ceir enghreifftiau o ymatebion cryf (gradd A/A*), rhai sydd ar y ffin (gradd A/B), a rhai gwan (gradd C/D) i'r ddau fath o gwestiwn. Nid yw'n bosibl rhoi cwestiynau ac atebion enghreifftiol ar gyfer pob datblygiad, felly mae'n rhaid i chi fod yn ymwybodol y gallai unrhyw rannau o'r fanyleb gael eu profi yn yr arholiad. Ni all y canllaw hwn fanylu'n llawn ar bob datblygiad, felly dylech ei ddefnyddio ochr yn ochr ag adnoddau eraill – fel nodiadau dosbarth ac erthyglau mewn cyfnodolion, yn ogystal â rhai, o leiaf, o'r llyfrau sydd yn Rhestr Ddarllen CBAC ar gyfer y fanyleb hon.

Arweiniad i'r Cynnwys

■ Cronoleg Gweriniaeth Weimar

Blwyddyn	Dyddiad	Digwyddiad
1918	9 Tachwedd	Sefydlu llywodraeth dros dro
	11 Tachwedd	Llofnodi'r cadoediad
1919	5 Ionawr	Gwrthryfel y Spartacistiaid
	19 Ionawr	Ethol Cynulliad Cenedlaethol
	11 Chwefror	Ethol Friedrich Ebert yn arlywydd cyntaf yr Almaen yn ystod etholiad arlywyddol cyntaf y wlad. Mae'n gwasanaethu yn y swydd o 1919 hyd at ei farwolaeth yn 1925.
	28 Mehefin	Llofnodi Cytundeb Versailles
	31 Gorffennaf	Sefydlu Cyfansoddiad Weimar
1920	24 Chwefror	Plaid Gweithwyr yr Almaen (DAP) yn cyhoeddi rhaglen 25 pwynt
	13 Mawrth	Putsch Kapp yn dechrau
1921	24 Ionawr	Cynhadledd Paris ar daliadau iawndal
1922	16 Ebrill	Yr Almaen a Rwsia yn llofnodi Cytundeb Rapallo
	24 Mehefin	Llofruddio gweinidog tramor yr Almaen, Walther Rathenau
1923	11 Ionawr	Milwyr Ffrainc a Gwlad Belg yn meddiannu'r Ruhr
	13 Awst	Penodi Gustav Stresemann yn ganghellor
	8 Tachwedd	Putsch München (Munich)
1924	4 Mai	Etholiadau'r Reichstag
	29 Awst	Y Reichstag yn cymeradwyo Cynllun Dawes
1925	25 Ebrill	Ethol Paul von Hindenburg yn arlywydd y Reich ar ôl marwolaeth Friedrich Ebert
	18 Gorffennaf	Cyhoeddi cyfrol gyntaf *Mein Kampf*
	1 Rhagfyr	Yr Almaen, Prydain, Ffrainc, Gwlad Belg a'r Eidal yn llofnodi Cytundeb Locarno
1926	24 Ebrill	Yr Almaen yn llofnodi Cytundeb Berlin
	8 Medi	Yr Almaen yn ymuno â Chynghrair y Cenhedloedd
	20 Mai	Etholiadau'r Reichstag
1928	28 Mehefin	Penodi Hermann Müller yn ganghellor, wrth iddo ffurfio cabinet clymbleidiol newydd
	27 Awst	Yr Almaen, Ffrainc ac UDA yn llofnodi Cytundeb Kellogg–Briand

Blwyddyn	Dyddiad	Digwyddiad
1929	6 Awst	Cytuno ar Gynllun Young
	3 Hydref	Gustav Stresemann yn marw o strôc
	24 Hydref	Cwymp marchnad stoc UDA
1930	30 Mawrth	Penodi Heinrich Brüning yn ganghellor newydd y Reich
	14 Medi	Plaid Genedlaethol Sosialaidd Gweithwyr yr Almaen (y NSDAP neu'r Blaid Natsïaidd) yn dechrau llwyddo'n etholiadol.
1931	1 Gorffennaf	Yr Arlywydd Herbert Hoover yn cyhoeddi Moratoriwm Hoover, gan atal taliadau iawndal a dyledion y Rhyfel Byd Cyntaf dros dro
	11 Hydref	Grwpiau adain dde, gan gynnwys yr NSDAP, yn cyfarfod yn Bad Harzburg
1932	10 Ebrill	Ailethol von Hindenburg yn arlywydd
		Adolf Hitler, arweinydd yr NSDAP, yn ennill 13 miliwn o bleidleisiau yn yr etholiad arlywyddol
	1 Mehefin	Yr Arlywydd von Hindenburg yn penodi Franz von Papen yn ganghellor
	31 Gorffennaf	Yr NSDAP yn ennill 230 o seddau yn etholiad y Reichstag
	6 Tachwedd	Llai o gefnogaeth i'r Natsïaid yn ystod etholiad y Reichstag
	4 Rhagfyr	Kurt von Schleicher yn olynu von Papen
1933	30 Ionawr	Hitler yn dod yn ganghellor

■ Pobl allweddol yn Almaen Weimar

Person	Rôl
Heinrich Brüning	Canghellor Gweriniaeth Weimar o 1930 i 1932. Aelod o Blaid y Canol.
Anton Drexler	Saer cloeau o München a sefydlodd Blaid Gweithwyr yr Almaen (DAP) ym mis Ionawr 1919. Roedd hwn yn sefydliad cenedlatholgar a gwrth-Semitig a esblygodd yn Blaid Genedlaethol Sosialaidd Gweithwyr yr Almaen (NSDAP, neu'r Blaid Natsïaidd).
Friedrich Ebert	Arweinydd gwreiddiol yr SPD ac arlywydd cyntaf yr Almaen o 1919 tan ei farwolaeth yn 1925.
Paul von Hindenburg	Cyn-faeslywydd a fu'n arwain byddin yr Almaen yn ystod ail hanner y Rhyfel Byd Cyntaf. Cafodd ei ethol yn arlywydd ar ôl marwolaeth Ebert yn 1925, a'i ailethol yn 1932. Roedd yn gwrthwynebu Hitler, ond cafodd ei orfodi i benodi Hitler yn ganghellor ym mis Ionawr 1933.
Adolf Hitler	Arweinydd y Blaid Natsïaidd. Trawsnewidiodd blaid ymylol yn fudiad torfol, a sicrhau swydd canghellor yn y pen draw ym mis Ionawr 1933.
Alfred Hugenberg	Cenedlatholwr a diwydiannwr blaenllaw, oedd â rhan flaenllaw yn y cyfryngau. Daeth yn arweinydd Plaid Genedlaethol Pobl yr Almaen (DNVP).
Wolfgang Kapp	Newyddiadurwr proffesiynol a benderfynodd arwain putsch yn erbyn Gweriniaeth Weimar yn 1920.
Karl Liebknecht	Bargyfreithiwr proffesiynol a ddaeth yn aelod o'r Reichstag yn 1912. Roedd yn perthyn i Blaid y Sosialwyr Democrataidd (SPD).
Rosa Luxemburg	Ymgyrchydd yn erbyn rhyfel, a sosialydd chwyldroadol. Sefydlodd adain chwyldroadol o'r SPD gyda Karl Liebknecht. Cysylltwyd y ddau â Chwyldro'r Spartacistiaid yn 1919.
Franz von Papen	Gwleidydd ceidwadol a wasanaethodd yn ganghellor yn 1932. Chwaraeodd ran flaenllaw wrth ddod â Hitler i rym, gan berswadio von Hindenburg y gallen nhw reoli Hitler drwy ei benodi'n ganghellor.
Y Cadfridog Kurt von Schleicher	Swyddog blaenllaw yn y fyddin a chwaraeodd ran bwysig yng nghynllwyniau gwleidyddol 1932. Ef oedd canghellor olaf Gweriniaeth Weimar (3 Rhagfyr 1932–28 Ionawr 1933).
Hans von Seeckt	Swyddog milwrol a ddaeth yn gadbennaeth Byddin yr Almaen ar ôl Putsch Kapp yn 1920.
Gregor Strasser	Gwrthwynebydd Hitler ar gyfer arweinyddiaeth y Blaid Natsïaidd ar ddechrau'r 1920au. Roedd ganddo gynlluniau adain chwith oedd yn galw am ddinistrio'r system economaidd gyfalafol o fewn yr Almaen.
Gustav Stresemann	Gwladweinydd Almaenig a wasanaethodd yn ganghellor am 102 o ddyddiau yn 1923, ac yna'n weinidog tramor o 1923 hyd at 1929.
Ernst Thälmann	Ymunodd â Phlaid Gomiwnyddol yr Almaen yn 1924, a'i harwain am ran helaeth o gyfnod Gweriniaeth Weimar. Roedd yn ymgeisydd arlywyddol yn 1932, ond cafodd ei arestio gan y Gestapo yn 1933 a'i garcharu ar ei ben ei hun am 11 o flynyddoedd, cyn cael ei saethu yng ngwersyll crynhoi Buchenwald yn 1944.

■ Y prif bleidiau gwleidyddol yn Reichstag yr Almaen 1919–1932

O'r chwith, drwy'r canol, i'r dde:

KPD

Ffurfiwyd Plaid Gomiwnyddol yr Almaen allan o rai o elfennau'r SPD a'r USPD. Cafodd ei hysbrydoli gan arweinwyr fel Rosa Luxemburg, gan gynrychioli mudiad Comiwnyddol yr Almaen. Galwai am chwyldro ar fodel Rwsia yn yr Almaen. Roedd yn gwrthwynebu democratiaeth, ac yn cystadlu â'r SPD am gefnogaeth y dosbarth gweithiol.

USPD

Roedd Plaid Sosialwyr Democrataidd Annibynnol yr Almaen yn grŵp hollt o fewn yr SPD, gan ffafrio llywodraeth a chymdeithas fwy sosialaidd a radical. Roedd hyn yn golygu dinistrio grym elfennau cyfoethog a cheidwadol cymdeithas yr Almaen. Roedd yn ffafrio trawsnewid y llywodraeth mewn ffordd radical, cyn galw etholiadau i Gynulliad Cenedlaethol. Credai y byddai hen rymoedd ceidwadol pwerus ac adain dde'r Almaen dan y Kaiser yn ailffurfio fel arall.

SPD

Plaid y Sosialwyr Democrataidd oedd y blaid sosialaidd fwyafrifol, a'r blaid wleidyddol fwyaf yn yr Almaen am y rhan fwyaf o gyfnod Weimar. Roedd yn bodoli ers 1875, ac yn cynrychioli buddiannau dosbarth gweithiol yr Almaen. Yn wreiddiol, arweiniwyd yr SPD gan Friedrich Ebert, a oedd yn cefnogi system weriniaethol o lywodraethu, gan geisio sefydlu gwladwriaeth sosialaidd drwy ddulliau democrataidd. Roedd yr SPD yn dymuno adfer yr amgylchiadau angenrheidiol er mwyn cynnal etholiadau i Gynulliad Cenedlaethol. Byddai'r corff hwn wedyn yn llunio cyfansoddiad. Roedd aelodau'r blaid yn rhagweld rhywfaint o ailstrwythuro ar gymdeithas.

DDP

Roedd Plaid Ddemocrataidd yr Almaen yn blaid fwy adain chwith, gymdeithasol ryddfrydol. Roedd yn ymrwymo i ffurf ddemocrataidd o lywodraeth ac yn cydymdeimlo â Gweriniaeth Weimar.

Wirtschaftspartei

Roedd Plaid Reich Dosbarth Canol yr Almaen, oedd yn cael ei hadnabod fel y Wirtschaftspartei, neu'r WP, yn blaid geidwadol a sefydlwyd gan grwpiau o'r dosbarth canol is.

Plaid y Canol

Roedd Plaid Almaenig y Canol yn blaid Gatholig (enw arall arni oedd Zentrum), ac yn cynrychioli buddiannau'r Eglwys Gatholig. Roedd yn fodlon cymryd rhan yn y weriniaeth ddemocrataidd. Roedd ganddi lawer yn gyffredin â'r SPD. Roedd hefyd yn gysylltiedig â Phlaid Pobl Bafaria (BVP), oedd yn cynrychioli buddiannau'r Eglwys Gatholig yn nhalaith Bafaria.

DVP

Roedd Plaid Pobl yr Almaen yn ymwrthod â'r Weriniaeth ac yn ffafrio adfer y frenhiniaeth yn yr Almaen. Roedd yn cynrychioli buddiannau busnesau mawr.

BVP

Plaid Pobl Bafaria oedd cangen Bafaria o Blaid y Canol. Gadawodd y brif blaid yn 1918 er mwyn dilyn rhaglen fwy ceidwadol.

DNVP

Roedd Plaid Genedlaethol Pobl yr Almaen yn blaid geidwadol adain dde oedd yn gwrthwynebu'r Weriniaeth. Roedd yn dymuno dychwelyd i system awdurdodaidd o lywodraeth.

NSDAP

Roedd Plaid Genedlaethol Sosialaidd Gweithwyr yr Almaen (neu'r Blaid Natsïaidd) yn blaid adain dde eithafol a gwrth-ddemocrataidd, a greodd ac a gefnogodd syniadaeth Natsïaidd yn y pen draw. Cafodd ei ffurfio o Blaid Gweithwyr yr Almaen (DAP) yn 1920. Cafodd ei chreu er mwyn denu cefnogaeth oddi wrth gomiwnyddiaeth ac at genedlaetholdeb 'völkisch'. Prif nod y blaid oedd dinistrio Gweriniaeth Weimar ac ailsefydlu llywodraeth genedlaetholgar, awdurdodaidd dan ei harweinydd Adolf Hitler.

■ Y sialensiau oedd yn wynebu Gweriniaeth Weimar 1918–1923

Cyd-destun hanesyddol: gorchfygiad allanol a chwymp mewnol

Mae Gweriniaeth Weimar yn cynrychioli astudiaeth achos mewn hanesyddiaeth, ond mae hefyd yn dangos y sialensiau mae systemau llywodraethu newydd yn eu hwynebu wrth geisio cyflwyno newid gwleidyddol sylweddol.

Ni ddylai haneswyr fyth dderbyn natur 'anochel' hanes. Mae gwneud hynny'n golygu anwybyddu cyfraniad personoliaethau, a hefyd effaith datblygiadau'r dyfodol ar hynt y gorffennol.

Ond dylid nodi bod Gweriniaeth Weimar wedi ymddangos o gyfnod neilltuol yn hanes yr Almaen, a bod y cyd-destun hanesyddol penodol hwn wedi gwanhau'r gyfundrefn newydd o'r dechrau a'i gwneud yn llai tebygol o lwyddo ar yr un pryd. Fel haneswyr, ni ddylem ystyried digwyddiadau a datblygiadau hanesyddol yn unigol, ond yn hytrach o fewn eu cyd-destun cymdeithasol, economaidd, crefyddol a gwleidyddol neilltuol.

Daeth Gweriniaeth Weimar i fodolaeth dan gysgod grym anorchfygol a gwrthrych disymud. Y 'grym anorchfygol' oedd sosialaeth chwyldroadol yr Almaen, dan ddylanwad Chwyldro Rwsia. Y 'gwrthrych disymud' oedd effaith trechu'r Almaen yn y Rhyfel Byd Cyntaf. Roedd Gweriniaeth Weimar, felly, yn gynnyrch gorchfygiad allanol a chwymp mewnol.

Yn 1918, newidiodd tirwedd wleidyddol yr Almaen o lywodraeth awdurdodaidd frenhinol tuag at ddemocratiaeth seneddol. Ond roedd grwpiau o ddau begwn y sbectrwm gwleidyddol yn herio'r consensws rhyddfrydol hwn oedd wrth galon llywodraeth yr Almaen yn barhaus. Felly, ar amrywiol adegau, roedd rhaid i'r gyfundrefn ymdopi â gwrthwynebiad o'r adain chwith a'r adain dde.

Swyddogaeth system newydd o lywodraeth yw rhagweld gwrthwynebiad o'r fath, paratoi ei hymatebion i'r fath sialensiau, a cheisio annog ymrwymiad emosiynol yn ei phobl i'r gyfundrefn newydd. Ond bydd hyn yn bosibl dim ond os oes gan y gyfundrefn honno dair priodwedd allweddol:

1 arweinyddiaeth
2 arbenigedd
3 hygrededd

Am gyfnodau hir, doedd gan Weriniaeth Weimar ddim un o'r tair!

Ambell waith, rhaid i wleidyddion – a llywodraethau'n gyffredinol – ddod i gyfaddawd anodd er mwyn llywodraethu er mwyn yr hyn sy'n cael ei alw'n 'fudd cenedlaethol'. At hynny, caiff cyfaddawdau o'r fath eu gwrthod yn aml, nes bod y rhai sy'n eu gwrthod yn eu gweld fel gweithredoedd bradwrus a dim mwy na hynny.

Hanesyddiaeth Y broses o astudio'r hyn a ysgrifennwyd am hanes, a'r ffordd mae haneswyr wedi ei ddehongli.

Cyd-destun hanesyddol Yn perthyn i amser a lle penodol mewn hanes.

Awdurdodaidd System o lywodraethu sy'n annemocrataidd ac i bob pwrpas yn gadael grym yn nwylo un person.

Yn anffodus, nid yw llywodraethu byth yn broses syml o ddileu hen bethau a chyflwyno rhai newydd. Mewn gwlad heb lawer o draddodiad democrataidd, gall cynnal system wleidyddol sefydlog fod yn waith parhaus. Mae'n debygol o gymryd degawdau i ddemocratiaeth, ei gwerthoedd a'i hegwyddorion wreiddio yn y gymdeithas. Ond hyd yn oed wedyn, efallai na fydd y system ddemocrataidd fyth yn sefydlog neu'n barhaol ddiogel. Dyma sut roedd pethau yn yr Almaen ar ôl y Rhyfel Byd Cyntaf.

Arweiniodd natur gamweithredol llywodraeth yr Almaen yn ystod y cyfnod hwn at batrwm o gweryla mewnol a chyhoeddus dros gyfeiriad y wlad. Arweiniodd hynny at sawl argyfwng gwleidyddol ac economaidd.

Yn yr awyrgylch hwn, daeth cytundebau pleidiol a gwleidyddol cyfrinachol yn nodwedd ar lywodraeth yr Almaen. Roedd rhaid i'w haelodau ddod i sawl cyfaddawd gwleidyddol. At hynny, roedd diffyg cefnogaeth i sefydliadau democrataidd yn niweidio gallu sawl llywodraeth ar ôl ei gilydd i reoli adnoddau ac arwain y wlad yn effeithiol. O ganlyniad i'r mandad gwleidyddol caeth hwn, ac oherwydd ei delwedd fel llywodraeth dros dro, roedd hi wastad yn annhebygol y byddai Gweriniaeth Weimar yn gallu creu newid gwleidyddol effeithiol yn yr Almaen.

Felly, yn y cyd-destun gwleidyddol penodol hwn, roedd y llywodraeth newydd wastad yn debygol o wynebu sialensiau gwleidyddol difrifol. Yng nghyd-destun y cyfnod o 1919 ymlaen, beth oedd yn debygol o ddigwydd i Weriniaeth Weimar:

- pan nad oedd y llywodraeth newydd yn gallu ffurfio consensws cyhoeddus emosiynol, gan na allai gofleidio'r hen draddodiadau gwleidyddol?
- pan nad oedd y llywodraeth newydd yn gallu ffurfio consensws cyhoeddus emosiynol, gan nad oedd yn cofleidio ysbryd chwyldroadol newydd?
- pan nad oedd modd cynnal sail llywodraeth dda a sefydlog?
- pan oedd clymbleidiau o rymoedd gwleidyddol yn gallu datrys sialensiau gwleidyddol, economaidd a pholisi tramor sylweddol yn y tymor byr yn unig?
- pan wrthodwyd y 'lles cenedlaethol' o blaid hunan-les y pleidiau gwleidyddol ac ideolegol?
- pan oedd y llywodraeth wedi'i seilio ar rwydwaith o gyfaddawd gwleidyddol yn hytrach na ffydd mewn democratiaeth er lles pawb?
- pan oedd teyrngarwch i awdurdod gwleidyddol mor denau â phapur?

Ansefydlogrwydd gwleidyddol ac economaidd

Datblygiadau gwleidyddol tymor hir

Er bod gwreiddiau Gweriniaeth Weimar yn nhraddodiad sosialaeth ddemocrataidd yr Almaen – a bod modd ei olrhain yn ôl drwy gyfnod Bismarck i'r chwyldroadau yn 1848 – i lawer, roedd y weriniaeth ddemocrataidd yn greadigaeth ffug wedi'i thrawsblannu i bridd gwleidyddol yr Almaen, ac felly mewn gwirionedd yn anffrwythlon o ran democratiaeth.

Traddodiad gwleidyddol yr Almaen

Er bod rhyfwaint o gefnogaeth i'r gyfundrefn – ar y dechrau o leiaf – ar lefel leol, cyfyngedig oedd y consensws cymdeithasol o blaid y llywodraeth newydd yn genedlaethol. Roedd hyn yn golygu bod y mwyafrif o bobl yr Almaen yn ddifater ynghylch y gyfundrefn ar y gorau, ac ar eu gwaethaf yn ei gwrthwynebu'n agored.

Clymblaid Llywodraeth a gaiff ei ffurfio pan nad oes gan unrhyw blaid unigol fwyafrif clir o seddau yn y senedd.

Sosialaeth ddemocrataidd Y mudiad sosialaidd a ddatblygwyd yn yr Almaen yn ystod y bedwaredd ganrif ar bymtheg.

Yn eu calonnau ac yn eu meddyliau, roedd llawer o bobl yr Almaen yn ystyried nad oedd y system seneddol yn 'Almaenig', a'i bod yn ddieithr i wleidyddiaeth draddodiadol eu gwlad. Roedd llawer o blaid llywodraeth awdurdodaidd, ac felly'n ystyried system ddemocrataidd yn annerbyniol yn emosiynol. O'r dechrau felly, roedd elfennau eithafol o ddau begwn sbectrwm gwleidyddol yr Almaen yn gwrthod Gweriniaeth Weimar.

Datblygiadau gwleidyddol tymor byr
Grymoedd gwleidyddol a mythau poblogaidd

Roedd rhaid i ddemocratiaeth yr Almaen gystadlu â thraddodiadau gwleidyddol hŷn, pwerus, ac â grymoedd gwleidyddol newydd. Roedd ceidwadaeth Almaenig a chenedlaetholdeb Almaenig yn parhau'n rymoedd cryf a dylanwadol yn y Weriniaeth, a daeth comiwnyddiaeth yr Almaen yn rym cryfach o lawer, gan herio gwerthoedd a sefydliadau Weimar.

Pan fydd pobl yn fregus, maen nhw'n fwy tebygol o gredu mythau a chodi bwganod. O ganlyniad, maen nhw'n tueddu i chwilio am fwch dihangol (*scapegoat*) ar gyfer eu trafferthion. Roedd llywodraeth newydd yr Almaen yn rhoi cyfle i'r adain dde wrth-weriniaethol boblogeiddio cyhuddiadau bradwrus bod Weimar wedi esblygu o orchfygiad a chwyldro. Yn yr hinsawdd hon, ymddangosodd mythau poblogaidd 'trywanu yn y cefn' a 'throseddwyr Tachwedd'. Derbyniodd y boblogaeth gyffredinol y mythau hyn, am eu bod yn rhoi strwythur i'r rhesymau dros golled yr Almaen yn y Rhyfel Byd Cyntaf.

Yn dilyn Cytundeb Versailles, dwysaodd y mythau hyn, gan fygwth cyfreithlondeb Gweriniaeth Weimar. Roedd hynny'n gyfle i'r cyhoedd ddal ati â'u mân gasineb, eu rhagfarnau a'u damcaniaethau.

Yn wir, oherwydd y mythau hyn dechreuodd y llywodraeth sosialaidd dros dro ddatblygu obsesiwn am y syniad o gyfreithlondeb. O ddyddiau cyntaf Friedrich Ebert a'i gydweithwyr – oedd yn **sosialwyr cymedrol** – mewn grym, mynegon nhw yr awydd i symud ymlaen drwy weriniaeth ddemocrataidd ryddfrydol. Roedden nhw'n dymuno adfer yr amgylchiadau roedd eu hangen i gynnal etholiadau i Gynulliad Cenedlaethol. Byddai hwn wedyn yn mynd ati i lunio **cyfansoddiad**.

Roedd yr SPD a'i haelodau'n dymuno sefydlu llywodraeth i'r bobl gan y bobl. Yn y cyd-destun hanesyddol hwn, roedd y llywodraeth dros dro, ym mis Tachwedd 1918, yn wynebu gorfod adfer trefn yn yr Almaen a pharatoi ar gyfer etholiadau'r Cynulliad Cenedlaethol ar yr un pryd.

Yn y pen draw, cynhaliwyd etholiadau ar 19 Ionawr 1919. Yn gefndir i hyn roedd ymdrech mudiad Comiwnyddol yr Almaen, oedd yn galw am chwyldro cymdeithasol yn seiliedig ar fodel Rwsia, i ddymchwel y llywodraeth sosialaidd gymedrol.

Mewn sawl ffordd, caniataodd yr etholiad a ddilynodd hyn i grwpiau gwleidyddol o'r cyfnod cyn y rhyfel ailgodi. Er mai'r SPD enillodd y nifer fwyaf o bleidleisiau, ni allai hawlio mwyafrif clir, felly collodd ei rheolaeth fer dros lywodraeth yr Almaen. Felly roedd llywodraeth etholedig gyntaf y Weriniaeth yn glymblaid o dair plaid ddemocrataidd – yr SPD, Plaid Ddemocrataidd yr Almaen (DDP) a Phlaid y Canol. Roedd y canlyniad yn ddarlun cywir o natur dameidiog gwleidyddiaeth yn ystod Gweriniaeth Weimar (gweler Tabl 1). Yna, ar 11 Chwefror, cynhaliwyd **etholiad arlywyddol** a arweiniodd at benodi Friedrich Ebert yn **arlywydd**.

Gwirio gwybodaeth 1

Beth oedd cyd-destun hanesyddol mythau 'trywanu yn y cefn' a 'throseddwyr Tachwedd'?

Sosialydd cymedrol Aelod o Blaid y Sosialwyr Democrataidd (SPD).

Cyfansoddiad Y rheolau sy'n rheoleiddio strwythur prif organau'r llywodraeth a'u perthynas â'i gilydd.

Etholiad arlywyddol Elfen allweddol o Gyfansoddiad Weimar. Cynhaliwyd etholiadau democrataidd i ddewis arlywydd a fyddai'n gwasanaethu am dymor o 7 mlynedd.

Arlywydd Yn ystod Gweriniaeth Weimar, roedd gan yr arlywydd rym sylweddol fel pennaeth y llywodraeth genedlaethol a chadbennaeth y lluoedd arfog.

Tabl 1 Cynnydd gwleidyddol prif bleidiau'r Reichstag yn y cyfnod 1919–1932 (gan ddechrau gyda phleidiau adain chwith, drwy'r canol, i'r adain dde)

Pleidiau'r Reichstag	Nifer seddau							
	Ion 1919	Meh 1920	Mai 1924	Rhag 1924	Mai 1928	Medi 1930	Gorff 1932	Tach 1932
KPD (Plaid Gomiwnyddol yr Almaen)	–	4	62	45	54	77	89	100
USPD (Plaid Sosialwyr Democrataidd Annibynnol yr Almaen)	22	84	–	–	–	–	–	–
SPD (Plaid y Sosialwyr Democrataidd)	163	102	100	131	153	143	133	121
DDP (Plaid Ddemocrataidd yr Almaen)	75	39	28	32	25	20	4	2
WP (Wirtschaftspartei, neu Blaid Reich Dosbarth Canol yr Almaen)	4	4	10	17	31	23	2	1
Plaid y Canol (Zentrum Catholig)	73	64	65	69	62	68	75	70
DVP (Plaid Pobl yr Almaen, olynydd y Blaid Ryddfrydol Genedlaethol)	19	65	45	51	45	31	7	11
BVP (Plaid Gatholig Pobl Bafaria)	18	21	16	19	16	19	22	20
DNVP (Plaid Genedlaethol Pobl yr Almaen)	44	71	95	103	73	41	37	52
Pleidiau eraill (Adain Dde)	3	5	19	12	20	55	9	12
NSDAP (Plaid Genedlaethol Gweithwyr yr Almaen, neu'r Blaid Natsïaidd)	–	–	32	14	12	107	230	196

Cafodd seneddwyr eu calonogi gan y glymblaid a ddaeth yn sgil hyn, gan ei bod yn cynrychioli pleidlais o hyder mewn llywodraeth seneddol. Ond roedd y ffaith nad oedd yr un blaid yn gallu ennill mwyafrif yn arwydd gwael i ddyfodol y Weriniaeth. Yn wir, ni lwyddodd yr un blaid erioed i reoli bywyd gwleidyddol y Weriniaeth yn llwyr (gweler Tabl 2). Nodwedd amlwg ar gyfnod Weimar oedd ymdrechion gwahanol rymoedd yr Almaen i gyfaddawdu, er iddyn nhw fod yn gwrthdaro cyn y rhyfel.

Tabl 2 Partneriaethau clymblaid Gweriniaeth Weimar 1919–1930

Cyfnod	Clymbleidiau
Chwefror 1919–Mehefin 1919	SPD, DDP, y Canol, DVP
Mehefin 1919–Mawrth 1920	SPD, y Canol, DDP
Mawrth 1920–Mehefin 1920	SPD, y Canol, DDP
Mehefin 1920–Mai 1921	DDP, y Canol, DVP
Mai 1921–Hydref 1921	SPD, y Canol, DDP
Hydref 1921–Tachwedd 1922	SPD, y Canol, DDP
Tachwedd 1922–Awst 1923	DDP, y Canol, DVP
Awst 1923–Hydref 1923	SPD, y Canol, DDP, DVP
Hydref 1923–Tachwedd 1923	SPD, y Canol, DDP, DVP
Tachwedd 1923–Mehefin 1924	DDP, y Canol, BVP DVP
Mehefin 1924–Ionawr 1925	DDP, y Canol, DVP
Ionawr 1925–Rhagfyr 1925	DVP, DNVP, BVP
Ionawr 1926–Mai 1926	DDP, DVP, BVP
Mai 1926–Rhagfyr 1926	DDP, y Canol, DVP, BVP
Ionawr 1927–Mehefin 1928	DVP, DNVP, BVP
Mehefin 1928–Mawrth 1930	SPD, DDP, y Canol, BVP, DVP

Gwirio gwybodaeth 2

Pa newidiadau oedd wedi digwydd yn llywodraeth yr Almaen rhwng Tachwedd 1918 ac Ionawr 1919?

Roedd cytundeb y glymblaid yn llwyddiant chwerwfelys. Dirywiodd i fod yn ddatrysiad tymor byr, gyda chanlyniadau gwleidyddol allai fod yn anodd i ddyfodol democratiaeth yn yr Almaen.

Roedd dwy dasg arall gan yr Arlywydd Ebert a gwleidyddion Weimar yn dilyn canlyniadau'r Cynulliad Cenedlaethol ar 19 Ionawr 1919:

1 Roedd rhaid negodi ardrefniant heddwch boddhaol.

2 Roedd rhaid llunio cyfansoddiad i'r wladwriaeth newydd.

Roedd y ddwy dasg yn rhoi dimensiynau newydd i'r problemau oedd yn bodoli'n barod, ac yn bygwth sefydlogrwydd Gweriniaeth Weimar a hithau newydd gael ei ffurfio.

Cytundeb Versailles 1919

Ar 11 Tachwedd 1918 cafodd cadoediad ei lofnodi gan lywodraeth newydd yr Almaen. Roedd yn credu y byddai hyn yn arwain at ardrefniant heddwch rhwng partneriaid cyfartal. Cymerodd 6 mis i'r Cynghreiriaid negodi'r ardrefniant heddwch ym Mharis, ond cadwyd cynrychiolwyr yr Almaen allan o'r trafodaethau. Felly doedd gan bobl yr Almaen na'u llywodraeth ddim llawer o syniad sut yn union roedd y Cynghreiriaid yn penderfynu eu tynged.

Cyflwynodd y Cynghreiriaid destun terfynol y cytundeb i'r Almaenwyr gyda chynnig terfynol: llofnodwch hwn, neu wynebu canlyniadau milwrol.

Roedd cyhoedd yr Almaen wedi'u harwain i feddwl y bydden nhw'n cael ardrefniant teg. Ond cafodd hynny ei chwalu gan don o ddicter cyhoeddus pan welwyd y telerau. Yn wir, yr hyn a gafwyd oedd ardrefniant i'r buddugwyr, gyda'r Cynghreiriaid i'w gweld yn benderfynol o wneud i genedl yr Almaen a'i phobl dalu'r pris.

Effaith telerau'r cytundeb ar yr Almaen oedd colli tiriogaeth yn barhaol, yn ogystal â Chynghrair y Cenhedloedd yn meddiannu rhai rhanbarthau penodol o'r wlad. Roedd

Cadoediad Cytundeb rhwng dwy ochr neu fwy, mewn rhyfel neu frwydr, i atal yr ymladd.

rhaid i'r Almaen ddiarfogi, a chafodd rhai rhanbarthau eu dadfilwrio. Roedd yr ardrefniant hefyd yn cynnwys cymal dadleuol sef Cymal yr Euogrwydd am y Rhyfel. Roedd yn galw ar y wlad 'i dderbyn cyfrifoldeb yr Almaen a'i chynghreiriaid am achosi holl golled a difrod' y rhyfel. Roedd hyn yn paratoi'r ffordd ar gyfer taliadau iawndal. Ar ben hynny, bu raid i'r Almaen ildio llawer o'i hasedau economaidd.

Er gwaethaf gwrthwynebiad cryf gan gynrychiolwyr yr Almaen, ac un ymdrech olaf ganddynt i sicrhau consesiynau, llofnododd llywodraeth yr Almaen y cytundeb yn Neuadd y Drychau ym Mhalas Versailles ar 28 Mehefin 1919.

Chwarae i ddwylo'r eithafwyr gwleidyddol

Creodd Cytundeb Versailles ddicter cyffredinol a drwgdeimlad ymhlith y bobl, a chafodd ei gondemnio fel 'diktat'. Yn sicr, roedd y telerau'n wahanol i'r disgwyliad y bydden nhw'n seiliedig ar Bedwar Pwynt ar Ddeg yr Arlywydd Woodrow Wilson.

Roedd y cytundeb hefyd yn arf propaganda i wrthwynebwyr Gweriniaeth Weimar, a chafodd ei ddefnyddio ganddyn nhw dro ar ôl tro yn y blynyddoedd wedi hynny. Roedd yn tanseilio democratiaeth yn yr Almaen, ac yn creu ansefydlogrwydd, gan adael craith nad oedd yn bosibl ei gwella.

O'r dechrau, cysylltwyd y Weriniaeth â'r hyn oedd yn cael ei ystyried yn ardrefniant heddwch caled. Roedd mwyafrif llethol pobl yr Almaen wedi'u clwyfo'n seicolegol ac yn emosiynol yn methu derbyn ardrefniant oedd yn gysylltiedig, yn eu golwg nhw, â gorchfygiad milwrol a chywilydd. Daeth Cytundeb Versailles yn faich ar y Weriniaeth, a byddai'n bwrw cysgod hir dros wleidyddiaeth yr Almaen ar ddechrau'r 1920au.

Cyfansoddiad Weimar

Mae modd dadlau bod y dynion a ddrafftiodd fframwaith cyfansoddiadol Gweriniaeth Weimar yn euog o naïfrwydd gwleidyddol a hunanfodlonrwydd, a'u bod yn gyfrifol am fethu llunio cyfansoddiad newydd oedd yn gweithio'n esmwyth.

Yn amlwg, ni all cyfansoddiad reoli pa amodau ac amgylchiadau mae'n gorfod gweithio ynddyn nhw. Ond dylai fframwaith cyfansoddiadol y Weriniaeth fod wedi ystyried cyd-destun y gwrthwynebiad gwleidyddol iddi, a chydnabod y cyd-destun hanesyddol ar y pryd.

Roedd Gweriniaeth Weimar yn doriad pendant oddi wrth hanes blaenorol yr Almaen. Arweiniodd at genhedlaeth newydd o wleidyddion a etholwyd yn ddemocrataidd, gan gymryd lle grym a braint yr elît adain dde traddodiadol. Ond er bod Cyfansoddiad Weimar yn cynnwys system o rwystrau a gwrthbwysau wedi'u llunio'n ofalus, doedd y dynion fu'n ei ddrafftio ddim wedi ystyried y potensial ar gyfer cynllwynio gan wrthwynebwyr gwleidyddol cyfrwys ac uchelgeisiol.

Roedd angen i'r Weriniaeth ei pharatoi ei hun i ymdrin â grymoedd posibl yn ei herbyn, gyda phobl yn ceisio dylanwadu ar sawl agwedd ar lywodraethu'r wladwriaeth, a thynnhau gafael ynddyn nhw.

Llywodraeth newydd-hen yn ymddangos

Dan arweiniad Hugo Preuss, democrat a chyfreithiwr o'r Almaen, pasiodd y Cynulliad Cenedlaethol ddrafft terfynol y cyfansoddiad ar 31 Gorffennaf 1919, a daeth i rym ar 11 Awst.

Cymal yr Euogrwydd am y Rhyfel Erthygl 231 Cytundeb Versailles, oedd yn gorfodi'r Almaen i gymryd cyfrifoldeb llawn am ddechrau'r Rhyfel Byd Cyntaf.

Taliadau iawndal Iawndal am ddifrod y rhyfel, i'w dalu gan y wlad a drechwyd.

Diktat Y term roedd yr Almaenwyr yn ei ddefnyddio i gyfeirio at Gytundeb Versailles. Roedd yn 'heddwch a orfodwyd' gan fod yr Almaen yn gorfod derbyn ei delerau neu wynebu goresgyniad gan y Cynghreiriaid.

Pedwar Pwynt ar Ddeg Fframwaith yr Arlywydd Woodrow Wilson ar gyfer trafod heddwch ar ddiwedd y Rhyfel Byd Cyntaf, ar sail y syniad y byddai gwladwriaethau newydd a democrataidd yn cydweithio mewn Cynghrair o Genhedloedd.

Gwirio gwybodaeth 3

Pa agweddau o Gytundeb Versailles achosodd y dicter mwyaf yn yr Almaen?

Cyngor

Meddyliwch sut yr effeithiodd Cytundeb Versailles ar y farn gyhoeddus yn yr Almaen, a defnyddiwch hyn yn eich atebion yn yr arholiad.

Nid yn unig roedd y cyfansoddiad yn amlinellu strwythurau a phrosesau penderfynu'r system wleidyddol, ond roedd hefyd yn cynnwys ail adran ar ffurf contract cymdeithasol, oedd yn amlinellu hawliau a dyletswyddau pobl yr Almaen. Byddai'r Almaen yn dilyn llwybr llydan trafod seneddol.

Er bod y cyfansoddiad yn ddatblygiad democrataidd sylweddol, roedd ei strwythur cyffredinol yn ddiffygiol. Yn wir, i rai daeth yn ddim mwy na chyfansoddiad coeth ar bapur, gan na allai fodloni dymuniadau amrywiol grwpiau gwleidyddol, gan adael nifer o faterion heb eu datrys a chreu problemau posibl at y dyfodol.

O'r dechrau'n deg, roedd y **Reichstag** yn tueddu i ymddwyn fel siambr drafod, a oedd yn rhy bell oddi wrth y bobl. Roedd y cyfansoddiad yn dibynnu'n drwm ar ddull rhyddfrydol cryf o feddwl er mwyn iddo weithio'n effeithiol. Yn wir, roedd angen 'glud' rhyddfrydol cryf i ddal clymbleidiau niferus Gweriniaeth Weimar at ei gilydd. Y cwestiwn oedd: a fyddai **rhyddfrydiaeth** yn ddigon cryf i ymdrin â'r sialensiau a fodolai yn yr Almaen?

Er hyn, nid y cyfansoddiad oedd wrth wraidd llawer o broblemau Weimar, ond yn hytrach y gymdeithas roedd y cyfansoddiad i fod i'w chynrychioli. Roedd y gymdeithas honno wedi'i rhannu'n ffyrnig o ran dosbarth, crefydd a rhanbarthau.

Roedd Gweriniaeth Weimar yn cynrychioli gwerthoedd modern rhyddfrydiaeth a democratiaeth, oedd yn cyferbynnu'n fawr â gwerthoedd traddodiad Almaenig hŷn. O dan lywodraeth Weimar, mewn sawl ffordd roedd yr Almaen yn parhau i edrych yn ôl at hen ogoniannau Reich Wilhelm, yn hytrach nag edrych ymlaen at ddyfodol democrataidd.

O ganlyniad, ni lwyddodd Cyfansoddiad Weimar erioed i sicrhau cyfreithlondeb na hygrededd ymhlith rhannau sylweddol o boblogaeth yr Almaen. Roedd amheuaeth ddifrifol am ddyfodol y Weriniaeth.

Ar ben hynny, yn y dwylo anghywir, byddai modd defnyddio elfennau o'r cyfansoddiad i reoli'n annibynnol, gan anwybyddu ewyllys y bobl. Mewn ffordd, roedd potensial i'r cyfansoddiad baratoi'r ffordd at rym unbenaethol, gan fod modd ei ddefnyddio i weithredu heb awdurdod y Reichstag.

Ond nid y trefniadau gwleidyddol a chyfansoddiadol eu hunain oedd ar fai. Yn hytrach, roedd y bai ar y ffordd roedden nhw'n cael eu defnyddio, mewn gwlad lle nad oedd gan rannau helaeth o'r boblogaeth fawr o barch at ddemocratiaeth a llywodraeth seneddol. Roedd hyd yn oed y rhyddfrydwyr a luniodd y cyfansoddiad fel pe baen nhw'n amau a allai'r Almaen gynnal democratiaeth am gyfnod hir, oherwydd y diffyg traddodiad rhyddfrydol hwn.

Ac felly y bu, gan i ryddfrydiaeth yr Almaen brofi'n drychinebus. Syfrdanwyd Rhyddfrydwyr yr Almaen wrth weld pa mor hawdd y chwalodd democratiaeth o'r tu mewn. Roedd dadrithiad cyffredinol mewn democratiaeth fel cwmwl du dros fywyd Gweriniaeth Weimar. Yn ogystal â hynny, roedd gan elynion y Weriniaeth awydd penodol i ddraenio'r hyn roedden nhw'n ei hystyried yn gors o wleidyddion rhyddfrydol.

Felly, yn ddiweddarach, cefnwyd ar **Glymblaid Weimar**, a fu ynghlwm â'r rhan fwyaf o lywodraethau clymblaid y Weriniaeth, wrth i garfan o'r etholwyr oedd fel arfer yn sefydlog geisio cysur yn rhaglenni mwy radical yr adain dde wleidyddol. Yn ddiweddarach, arweiniodd hyn at lywodraeth adain dde fwy awdurdodaidd, ar ffurf Sosialaeth Genedlaethol.

Gwirio gwybodaeth 4

Edrychwch ar Gyfansoddiad Weimar. Beth oedd y gwendidau posibl yn ei strwythur?
....

Reichstag Senedd yr Almaen. Y brif siambr a etholwyd yn ddemocrataidd.

Rhyddfrydiaeth Athroniaeth wleidyddol a moesol yn seiliedig ar ryddid unigol a chydraddoldeb.

Clymblaid Weimar Clymblaid o bleidiau oedd o blaid democratiaeth, yn cynnwys yr SPD, Plaid y Canol, a'r DDP.

Camgymeriad yr Almaenwyr rhyddfrydol, felly, oedd bod yn rhy hunanfoddhaol wrth ymddiried mewn sefydliadau rhyddfrydol. Roedd eu cred y byddai doethineb cyhoeddus yn goroesi drwy ewyllys y bobl yn gamgymeriad angheuol yn yr Almaen yn yr 1930au. Doedden nhw ddim wedi ystyried y gallai etholwyr yr Almaen fod yn ofergoelus, yn afresymol, yn credu'n rhy hawdd neu'n cael y wybodaeth anghywir. Llesteiriwyd democratiaeth fregus yr Almaen gan y diniweidrwydd hwn.

Gan eu bod yn gwrthod neu'n methu newid personél y weinyddiaeth yn sylweddol, parhaodd gwleidyddion y Weriniaeth i gael eu gwasanaethu gan wasanaeth sifil a barnwriaeth oedd heb lawer o gydymdeimlad â'r sefydliadau democrataidd newydd.

Rôl negyddol oedd gan fiwrocratiaid, wrth atal swyddogaeth sefydliadau'r wladwriaeth a chyfyngu ar allu'r llywodraeth i annog gweision sifil at gyfeiriad roedd yn ei ddymuno. Roedd athrawon a barnwyr yn gwrthwynebu'r Weriniaeth, ac yn fwy na pharod i ddangos eu dirmyg ati. Roedd gweision sifil yn benderfynol o gyfyngu ar effaith y wladwriaeth newydd ar rymoedd hŷn, ceidwadol yr Almaen.

Ymhellach, yn wyneb oes fer debygol llywodraethau clymblaid yn Almaen Weimar, dim ond cyfle byr oedd gan y Weriniaeth i sicrhau newidiadau ystyrlon yn yr ymagwedd wleidyddol.

Ond gwnaeth ddrwg iddi ei hun pan ofynnodd i gorfflu'r swyddogion ddiwygio a rhedeg y **Reichswehr**. Roedd y corff olaf allai gynnal rheolaeth gymdeithasol a gwleidyddol wedi dod dan ddylanwad dynion a wrthwynebai'r ddemocratiaeth newydd.

Er bod newidiadau cyfansoddiadol wedi'u cyflwyno, ac er bod Ebert wedi honni yn ei anerchiad i'r Cynulliad Cenedlaethol fel arlywydd ar 6 Chwefror 1919 fod hen sylfeini grym yr Almaen wedi'u torri am byth, roedd yr Almaen yn symud yn araf at yr hyn oedd, mewn gwirionedd, yn 'llywodraeth newydd-hen'.

Yn yr ystyr hwn, gellid dadlau bod y Weriniaeth wedi'i geni gyda thwll yng nghraidd canolog y llywodraeth. O ganlyniad, roedd bygythiadau difrifol yn gallu ymddangos o'r tu mewn i'r sefydliad ei hun.

Roedd Gweriniaeth Weimar felly wedi'i chyfaddawdu'n ddifrifol. Roedd yn annhebygol, dan yr amgylchiadau hyn, y gallai fyth uno cenedl yr Almaen oedd wedi'i darnio, na sicrhau newid i lywodraeth ddemocrataidd ryddfrydol yn y tymor hir.

Maes brwydro gwleidyddol

Roedd yr Arlywydd Ebert naill ai'n amharod i gydnabod cryfder y grymoedd gwrth-weriniaethol yn yr Almaen, neu'n methu ei weld. O ganlyniad, roedd rhaid i Weriniaeth Weimar weithredu ar dir gwleidyddol peryglus.

Ni all arweinwyr gwleidyddol gyflwyno newid ar eu pen eu hunain. Mae angen partneriaid arnyn nhw. Mae angen fframio cyfansoddiad fel bod ganddo'r potensial i wrthsefyll gwrthwynebwyr. Naïfrwydd gwleidyddol yw credu bod awdurdod system ddemocrataidd yn gallu dofi pob barn wleidyddol groes.

Gall cyfundrefnau democrataidd hŷn wynebu sialensiau difrifol. Weithiau bydd rhain yn arwain at argyfwng gwleidyddol. Ond yn aml, bydd cyfundrefnau democrataidd newydd yn amsugno'r eithafwyr i'r drefn ddemocrataidd, yn lle'u gwahardd neu eu gwthio dan ddaear. Un o'r peryglon mwyaf i uniondeb etholiadol yw gweithredu ar sail **buddiannau carfannol**. Yr unig ffordd i reoli carfanau yw rheoli eu heffeithiau.

Reichswehr Cyfundrefn filwrol yr Almaen yn dilyn Versailles. Cafodd ei lleihau gan delerau'r Cytundeb i raddau oedd yn codi cywilydd, cyn iddi uno â'r Wehrmacht yn 1935.

Buddiannau carfannol Nodau neu amcanion carfan neu grŵp sy'n gweithredu er ei les ei hun, heb ystyried yr effaith ar eraill.

Yn anffodus, nid yw mynediad at rym gwleidyddol yn gwneud i wrthwynebwyr weithredu'n rhesymol. Wrth gwrs, pe bai pob person yn cydymffurfio, ni fyddai angen llywodraethau o gwbl. Mae'n hanfodol felly fod yr holl bartneriaid mewn clymblaid yn cadw beirniaid a gwrthwynebwyr ar wahân. Mae modd iddyn nhw wneud hyn drwy roi budd iddyn nhw yn y system wleidyddol, er mwyn iddyn nhw gael eu hamsugno i mewn iddi yn hytrach na throi yn ei herbyn.

Mae unrhyw lywodraeth sy'n methu rheoli'r eithafion gwleidyddol yn rhoi gobaith i'r pleidiau gwleidyddol ymylol sy'n dymuno cael grym. Caiff cyfreithlondeb y llywodraeth ei golli os nad yw'n cyflawni canlyniadau, a gall fod mewn perygl o gael ei thanseilio'n wleidyddol o'r tu mewn neu gan fygythion gwleidyddol allanol.

Mae'n bosibl mai protestio yn y stryd yw'r unig ddewis ymarferol i'r rhai sy'n ceisio herio'r cydbwysedd gwleidyddol, er mwyn ailffurfio'r wlad naill ai ar hyd trywydd ceidwadol mwy cyfarwydd, neu drwy ddilyn egwyddorion mwy chwyldroadol.

Un ffordd i wrthwynebwyr y Weriniaeth fynegi eu casineb oedd drwy lofruddiaethau gwleidyddol. Yn ôl yr amcangyfrif, cafwyd 376 o lofruddiaethau gwleidyddol yn yr Almaen rhwng 1919 ac 1922. O'r rhain, roedd 356 gan eithafwyr adain dde. Un o'r llofruddiaethau mwyaf arwyddocaol oedd y gwleidydd Almaenig Matthias Erzberger, a saethwyd gan grŵp terfysgol adain dde yn Awst 1921 am iddo gefnogi llofnodi a derbyn Cytundeb Versailles yn gyhoeddus.

Ffordd arall i wrthwynebwyr geisio dymchwel y Weriniaeth oedd drwy derfysg treisiol. Penderfynodd y pleidiau eithafol ar ddau begwn y sbectrwm gwleidyddol ddatgan yn agored eu dymuniad i ddymchwel Weimar.

Gwrthryfel ar y chwith

Tua diwedd 1918, roedd yr amgylchiadau yn yr Almaen yn arwain llawer i gredu bod y wlad yn gwyro'n beryglus i gyfeiriad chwyldro. Roedd y frenhiniaeth wedi'i disodli, a llywodraeth dros dro wedi'i sefydlu. Yn wir, gyda rhwydwaith o gynghorau gweithwyr a milwyr ar draws y wlad, ac eithafwyr adain chwith yn mynd ati i gynllunio i gipio awdurdod yn Berlin, roedd yn ymddangos bod gwrthryfel Bolsiefigaidd ei natur ar fin digwydd.

Ond er bod y Weriniaeth dan fygythiad gan ddylanwadau dinistriol ar y chwith, roedd mudiad sosialaidd yr Almaen yn rhanedig iawn. Y gangen fwyaf eithafol oedd y Spartacistiaid, oedd yn gwrthod y llywodraeth sosialaidd gymedrol. Gydag arweinwyr fel Karl Liebknecht, Rosa Luxemburg a Franz Mehring yn eu hysbrydoli, esblygodd y Spartacistiaid yn pen draw i sefydlu mudiad Comiwnyddol yr Almaen.

Gwrthryfel y Spartacistiaid, Ionawr 1919

Roedd Gwrthryfel y Spartacistiaid yn ymdrech gan sosialwyr eithafol i ddymchwel y llywodraeth a gosod arweinyddiaeth sosialaidd yn yr Almaen.

Digwyddodd y gwrthdaro cyntaf ar 6 Ionawr, pan ymgasglodd miloedd o brotestwyr adain chwith i brotestio yn erbyn diswyddo swyddogion llywodraeth yr USPD, gan gynnwys pennaeth Heddlu Berlin. Ond saethodd milwyr at y protestwyr, gan ladd 16. Cydiodd y Spartacistiaid yn y cyfle, gan alw am wrthryfel a streic gyffredinol. Daeth cannoedd o filoedd o weithwyr i'r strydoedd i brotestio, gan gipio swyddfeydd papur newydd y llywodraeth yn Berlin a chyhoeddi llywodraeth chwyldroadol.

Bolsiefig Aelod o Blaid Sosialwyr Democrataidd Rwsia, a gipiodd rym yn Rwsia yn ystod Chwyldro mis Hydref 1917.

Anfonodd y llywodraeth unedau **Freikorps** i chwalu'r gwrthryfel, a chafwyd 3 diwrnod o ymladd ffyrnig ar y strydoedd, gan arwain at fwy na 100 o farwolaethau. Daliwyd pobl oedd yn cydymdeimlo â'r Spartacistiaid, ac yn ystod y trais a'r colli gwaed a ddilynodd, arestiwyd a lladdwyd Liebknecht a Luxemburg, er eu bod nhw yn wreiddiol wedi bod yn erbyn cipio grym.

Roedd radicaleiddio'r adain chwith wedi gyrru'r Arlywydd Ebert i freichiau'r adain dde. Gyda buddugoliaeth y Freikorps adain dde dros y Spartacistiaid, roedd hi nawr yn bosibl atgyfnerthu'r Weriniaeth Newydd, a chynhaliwyd etholiadau i'r Cynulliad Cenedlaethol ar 19 Ionawr 1919.

Roedd y Weriniaeth wedi goresgyn pwysau gan y chwith eithafol, ac wedi sicrhau fframwaith cyfreithiol. Roedd y llywodraeth sosialaidd wedi goroesi, ond wedi dibynnu ar y dde draddodiadol i wneud hynny. O ganlyniad, roedd y Weriniaeth wedi ei chlwyfo ei hun yn ddifrifol, drwy adfywio statws y Freikorps, grŵp milwrol hynod wrth-weriniaethol. Esblygodd y grŵp hwn fel rhyw fath o anghenfil Frankenstein.

Oherwydd dibyniaeth y llywodraeth ar y Freikorps, achoswyd rhwyg parhaol yn y mudiad sosialaidd. Ni lwyddodd y Comiwnyddion fyth i faddau i'r llywodraeth SPD, gan ystyried ei bod wedi bradychu'r achos sosialaidd. Roedd y blaid oedd ar un adeg yn gwrthod cydweithio â'r Weriniaeth bellach wedi dod yn grŵp gwrthbleidiol grymus oddi mewn iddi.

Gwrthwynebiad y KPD

Yn dilyn methiant y gwrthryfel yn 1919, penderfynodd y **KPD** y bydden nhw'n boicotio etholiadau mis Ionawr.

Er bod Cyfansoddiad Weimar wedi'i dderbyn yn y Reichstag, gyda 262 pleidlais o blaid a 75 yn erbyn, a bod y pleidiau gwleidyddol mwy cymedrol wedi llwyddo yn etholiad 1919, ddylai hynny ddim cuddio'r elyniaeth oedd yn bodoli yn yr Almaen at y gyfundrefn newydd.

Ar y chwith roedd y KPD, wedi'i gwahanu oddi wrth y gyfundrefn gan rwyg o chwerwder ar ôl methiant Gwrthryfel y Spartacistiaid yn 1919, a llofruddiaethau Karl Liebknecht a Rosa Luxemburg yn sgil hwnnw.

Ond o 1920 ymlaen, dewisodd y KPD ymladd yr etholiadau, er bod y blaid yn gwrthwynebu gwleidyddiaeth seneddol. Yr unig nod iddyn nhw oedd amlygu'r hyn a ystyrient yn llygredd a diffyg pwrpas llywodraeth seneddol. I bob pwrpas, cynllun y KPD oedd gweithio o'r tu mewn i'r system er mwyn ei dymchwel.

Paul Levi oedd arweinydd y KPD o 1920 i 1921. Ei nod oedd ehangu cefnogaeth y blaid drwy gymryd rhan ym mywyd gwleidyddol yr Almaen. Ond ymddiswyddodd oherwydd dylanwad cynyddol Rwsia dros y KPD, oedd yn cael ei ymarfer drwy'r **Comintern**.

Er eu cyswllt â'r polisi o aros yn bleidiol i Rwsia er mwyn cyfuno grymoedd ar gyfer brwydro yn y dyfodol, o dan Ernst Thälmann dilynodd y KPD bolisi gofalus (1925–1933). Dewisodd y blaid gryfhau ei nerth, ei haelodaeth a'i dylanwad yn raddol (roedd gan y blaid 33 o bapurau newydd ar gyfer gwneud hyn), yn hytrach na mynd ati i gipio grym fel y ceisiodd ei wneud yn 1919.

> ### Cyngor
>
> Mae angen i chi ddeall yn glir pam roedd areithiau a chyhoeddiadau adain chwith yn beirniadu Gweriniaeth Weimar yng nghyd-destun digwyddiadau 1919. Mae hyn er mwyn i chi allu defnyddio'r wybodaeth hon wrth werthuso ffynonellau adain chwith yn yr arholiad.

Freikorps Sefydliadau parafilwrol yn cynnwys milwyr adain dde eithafol wedi'u dadfyddino. Cawson nhw eu ffurfio yn wreiddiol i chwalu unrhyw wrthryfel Comiwnyddol ac ymladd ar ran llywodraeth yr Almaen.

KPD Plaid Gomiwnyddol yr Almaen, a sefydlwyd yn 1918 gan aelodau adain chwith yr SPD oedd wedi gwrthwynebu'r Rhyfel Byd Cyntaf.

Comintern Sefydliad Comiwnyddol Rhyngwladol yn hybu chwyldro Comiwnyddol ar sail model Rwsia.

Ond roedd yr ymateb yn llai na syfrdanol, gan na chafodd y KPD lawer o ddylanwad ar yr undebau llafur. Oherwydd ei safbwynt o blaid Rwsia, penderfynodd llawer o gefnogwyr posibl ymbellhau oddi wrth y blaid. Parhaodd yr elyniaeth hon rhwng y sosialwyr democrataidd a'r Comiwnyddion hyd y degawd nesaf, sy'n helpu i esbonio methiant y chwith yn yr Almaen rhag atal twf Natsïaeth. Roedd safbwynt radical y KPD yn ei gwneud yn amhosibl i uno'r mudiad sosialaidd, a thaniodd ymateb cenedlaetholgar yn erbyn y blaid. Roedd polisïau negyddol y blaid yn y Reichstag yn tanseilio democratiaeth yn yr Almaen ac yn paratoi'r tir ar gyfer ildio i'r Natsïaid yn y pen draw. Erbyn 1934, roedd y blaid Gomiwnyddol wedi'i halltudio.

Gwrthryfel ar y dde

Roedd casgliad o grwpiau adain dde yn gwrthwynebu llywodraeth Weimar, ac yn aml maen nhw'n cael eu hadnabod fel y Gwrthwynebwyr Cenedlaetholgar.

Doedd cenedlaetholwyr yr Almaen ddim yn ystyried democratiaeth yn rhywbeth oedd wedi ei dyfu yn y wlad ei hun. Yn hytrach roedden nhw'n ei weld yn offeryn wedi'i orfodi gan eu gelynion, gyda chymorth bradwyr Weimar, er mwyn darostwng yr Almaen a chynnal ei gwendid. Yn 1919, cyhoeddodd y Gwrthwynebwyr Cenedlaetholgar bamffled â'r teitl 'Almaengarwch nid Iddewiaeth. Nid crefydd ond hil.' Dyma osod naws yr ymgyrch genedlaetholgar yn erbyn Gweriniaeth Weimar drwy gydol y cyfnod hwn.

Mynegodd nifer o grwpiau a sefydliadau adain dde deimladau cenedlaetholgar o'r fath yn yr Almaen yn y cyfnod ar ôl y Rhyfel Byd Cyntaf. I'r grwpiau hyn, roedd gwleidyddiaeth plaid yn creu rhwygiadau, yn estron ac yn anwlatgarol. Ond mynegon nhw eu gwrthwynebiad mewn termau seneddol hefyd, drwy'r DNVP.

Dyma oedd nod y DNVP:

> trefnu'r holl luoedd sy'n dymuno, gyda difrifoldeb sanctaidd, gweld gwir ailadeiladu ein Mamwlad sydd wedi'i darostwng, a hynny ar sail gwerthoedd traddodiadol.

Mewn gwirionedd, yr hyn oedd yn dal y blaid at ei gilydd oedd ei hagwedd negyddol at y Weriniaeth. Ei safbwynt rhwng 1919 ac 1920 oedd gwrthwynebiad pur, gan ddibynnu, os unrhyw beth, ar y gobaith afrealistig y byddai'n cipio grym gyda chymorth y Reichswehr.

Ond er bod yr amrywiol grwpiau gwrthwynebol cenedlaetholgar yn uno o gwmpas eu casineb at y Weriniaeth, dechreuodd gwahaniaethau ymddangos o ran sut y bydden nhw'n sicrhau cwymp y Weriniaeth. Roedd rhai grwpiau o blaid defnyddio'r system ddemocrataidd i ddinistrio'r Weriniaeth o'r tu mewn. Ond roedd eraill o blaid gweithredu mwy uniongyrchol gyda putsch o'r tu allan. Roedd y mater hyd yn oed yn rhannu arweinwyr y DNVP.

Putsch Kapp, Mawrth 1920

Roedd Putsch Kapp yn ymdrech frawychus, ond aflwyddiannus yn y pen draw, gan y dde eithafol i gipio pŵer drwy rym a dymchwel y drefn gyfansoddiadol.

Yn oriau mân 13 Mawrth 1920, llwyddodd y newyddiadurwr a'r gwleidydd adain dde, Wolfgang Kapp, i gipio rheolaeth yn Berlin, gan sefydlu llywodraeth awdurdodaidd adain dde ac yntau'n ganghellor. A hwythau dan fygythiad, dihangodd aelodau o'r llywodraeth o Berlin, ond gan gyhoeddi proclamasiwn yn cyfarwyddo gweithwyr yr Almaen i gefnogi streic gyffredinol. Dosbarthodd cefnogwyr Kapp daflenni newyddion a thaflenni propaganda i wrthsefyll y proclamasiwn.

Gwrthwynebwyr Cenedlaetholgar Casgliad llac o grwpiau adain dde oedd â'u bryd ar ddinistrio'r Weriniaeth, ac adfer cyfundrefn frenhinol absoliwt ar sail gwerthoedd traddodiadol yr Almaen.

DNVP Plaid Genedlaethol Pobl yr Almaen a sefydlwyd ym mis Tachwedd 1919. Roedd y blaid yn glymblaid o genedlaetholwyr, brenhinwyr ac elfennau gwrth-Semitig.

Gwirio gwybodaeth 5

Yng nghyd-destun y cyfnod 1918–1920, beth oedd y prif grwpiau a'r sefydliadau gwrth-ddemocrataidd adain dde yn yr Almaen?

Putsch Ymgais dreisgar i ddymchwel llywodraeth. I bob pwrpas, *coup d'état*.

Gwirio gwybodaeth 6

Beth sbardunodd Putsch Kapp ym mis Mawrth 1920?

Ond bu'r streic yn effeithiol, a chwalodd y putsch ar ôl 4 diwrnod. Er bod y cynllwyn yn amaturaidd, heb fawr o siawns y byddai'n llwyddo, dangosodd fod cenedlaetholwyr anfodlon yr Almaen yn barod i weithredu, gan ehangu'r agendor rhwng y dde wleidyddol a'r Weriniaeth.

Ffurfio'r NSDAP: credoau a thactegau'r Natsïaid yn y cyfnod 1920–1923

Mae'n wirionedd gwleidyddol bod grwpiau o bobl sy'n poeni am eu lles eu hunain weithiau'n fodlon gweithio yn erbyn credoau a sefydliadau sy'n cynrychioli lles pawb. Mae rhai o'r unigolion hyn yn ffurfio pleidiau annemocrataidd sydd â'r nod penodol o gael gwared ar system ddemocrataidd.

Roedd Plaid Gweithwyr yr Almaen (DAP), a ffurfiwyd gan Anton Drexler ym München ym mis Medi 1919, yn un o nifer o grwpiau **völkisch** adain dde oedd ag agwedd negyddol at y Weriniaeth. Ymddangosodd y grwpiau hyn yn yr Almaen ar ôl y Rhyfel Byd Cyntaf.

Ymunodd Adolf Hitler â'r DAP yn 1919, ac yn fuan cododd i fod yn ddamcaniaethwr y blaid, a'i phrif swyddog propaganda, drwy ei dalent siarad cyhoeddus. Erbyn 1920, roedd Hitler yn arwain pwyllgor a ddyfeisiodd **raglen 25 pwynt** y blaid. Ar yr un diwrnod ag y cyhoeddodd Hitler raglen y blaid i gyfarfod torfol o 2,000 o bobl, ailenwyd y DAP yn Blaid Genedlaethol Sosialaidd Gweithwyr yr Almaen, neu'r NSDAP.

Erbyn canol 1921 roedd Hitler yn anghytuno â chadeirydd yr NSDAP, Anton Drexler, ynglyn â threfniadaeth a strategaeth. Yn y pen draw, cafodd y gorau ar Drexler, a chafodd ei ethol yn gadeirydd y blaid ym mis Gorffennaf.

Ym mis Gorffennaf 1921, ffurfiodd Hitler y **Sturmabteilung (SA)**. Aeth yr SA ati i ddychryn gwrthwynebwyr, tarfu ar gyfarfodydd gwrthwynebol, a brwydro'n waedlyd yn y strydoedd.

Erbyn hyn, roedd canghennau'r blaid Natsïaidd yn cael eu trefnu y tu hwnt i'r pencadlys ym München, gyda chefnogaeth gan filwyr oedd wedi'u dadfyddino, a rhai elfennau o'r tu mewn i'r fyddin. Ar 25 Rhagfyr 1920, sicrhaodd y blaid lais gwleidyddol hefyd, pan brynodd bapur newydd aflwyddiannus, sef y *Völkischer Beobachter* (*Sylwebydd y Bobl*).

Cyngor

Dylech drin erthyglau o'r *Völkischer Beobachter* yn ofalus bob amser! Daeth y papur yn un o offerynnau propaganda pwysicaf y Blaid Natsïaidd wrth iddi ddod i rym.

Putsch München 1923

Hyd at 1923, roedd yn ymddangos bod y rhan fwyaf o wrth-weriniaethwyr adain dde wedi cael eu cyflyru i orymdeithio i brifddinas yr Almaen a chipio grym. Roedd y llywodraeth hefyd dan bwysau difrifol oherwydd gorchwyddiant. Gobaith Adolf Hitler oedd manteisio'n wleidyddol ar yr argyfwng amlochrog hwn, oedd yn bygwth boddi Gweriniaeth Weimar.

Erbyn canol 1923, roedd gan yr NSDAP 55,000 o gefnogwyr ac roedd ei chryfder a'i dylanwad yn cryfhau yn ddyddiol. Penderfynodd Hitler bod y blaid bellach yn ddigon cryf i geisio dymchwel llywodraeth yr Almaen. Ei gynllun oedd cipio rheolaeth ym München, cyn gorymdeithio i Berlin gyda chefnogaeth comisiynydd adain dde Bafaria, Gustav von Kahr, a lluoedd arfog Bafaria.

Gwirio gwybodaeth 7

Yng nghyd-destun digwyddiadau 1920, sut yr amlygodd Putsch Kapp wendidau Gweriniaeth Weimar?

Völkisch Mudiad poblyddol yn y bedwaredd ganrif ar bymtheg oedd yn hyrwyddo cenedlaetholdeb ethnig a ffordd draddodiadol o fyw, ac a ddylanwadodd ar ddatblygiad Natsïaeth yn ddiweddarach.

Rhaglen 25 pwynt Rhaglen plaid DAP, oedd yn gyfuniad ffrwydrol o ofynion cymdeithasol radical, cenedlatholgar eithafol a gwrth-Semitig.

Sturmabteilung (SA) Sefydliad parafilwrol treisgar y Blaid Natsïaidd. Roedd ei aelodau'n cael eu galw'n 'grysau brown' ar ôl lliw eu lifrai.

Cyngor

Gwnewch yn siŵr eich bod yn cydnabod bod Comiwnyddion yr Almaen a chenedlaetholwyr yr Almaen yn teimlo bod Gweriniaeth Weimar wedi'u bradychu.

Roedd Hitler a'i bartneriaid yn gobeithio y byddai Putsch München yn arwain at chwyldro cenedlaethol. Byddai hwn yn ei dro yn arwain at ddymchwel Gweriniaeth Weimar a sefydlu unbennaeth.

Pe bai llywodraeth Bafaria'n ei gefnogi, byddai siawns gwirioneddol gan yr orymdaith i Berlin lwyddo. Roedd traddodiad hir o eithafiaeth adain dde yn Bafaria, ac felly roedd y potensial am gefnogaeth yn addawol. Pe bai cynnig o'r fath yn dod, roedd yn debygol y byddai Hitler hefyd yn gallu ennill cefnogaeth y Reichswehr.

Ond hyd yn oed wrth bwyntio gwn ato, gwrthododd Kahr ymuno yn y putsch. Gwasgarodd heddlu Bafaria brotest stryd gan yr SA y bore canlynol. Roedd ymdrech Hitler i gipio grym yn fethiant llwyr, a chafodd ei roi ar brawf am uchel frad a'i ddedfrydu i garchar.

Roedd y grwpiau amrywiol a arweiniodd Wrthryfel y Spartacistiaid, Putsch Kapp a Putsch München, ynghyd â grwpiau eithafol lleiafrifol, wedi ceisio datrys sefyllfa'r Almaen drwy chwyldro. Roedd y sialensiau gwleidyddol hyn yn dwysáu'r problemau sylweddol oedd eisoes yn herio Gweriniaeth Weimar.

> **Cyngor**
>
> Ar gyfer cwestiynau sy'n ymwneud â thwf teimladau gwrth-ddemocrataidd yn yr Almaen yn ystod y cyfnod hwn, mae'n help ystyried pa mor effeithiol y deliodd llywodraeth Weimar â bygythiad eithafiaeth wleidyddol yn y cyfnod 1919–1923.

Ansefydlogrwydd economaidd

Nid oedd y dangosyddion economaidd yn addawol ar gyfer dyfodol Gweriniaeth Weimar. Erbyn diwedd y Rhyfel Byd Cyntaf, roedd gan yr Almaen ddyled genedlaethol enfawr, ac roedd *mark* yr Almaen yn werth hanner ei lefel cyn y rhyfel. Roedd y problemau economaidd wedi bod yno ers cyn dechrau'r rhyfel, ond daethon nhw'n waeth ar ôl i'r Almaen golli'r rhyfel.

Llwyddodd llywodraeth yr Almaen i ariannu'r rhyfel drwy wneud y canlynol:

- defnyddio benthyciadau rhyfel – byddai'n rhaid iddi ad-dalu'r rhain gyda llog ar ôl y 'fuddugoliaeth derfynol'.
- cynyddu faint o arian papur oedd yn cylchredeg, er mwyn dibrisio gwerth yr arian cyfred.

Ond ni ddaeth y fuddugoliaeth, gan olygu nad oedd y llywodraeth yn gallu clirio ei dyled enfawr. Dwysaodd y problemau ar ôl Cytundeb Versailles, pan orchmynnwyd yr Almaen i dalu iawndal.

Taliadau iawndal

Daeth cwestiwn talu iawndal i fwrw cysgod tywyll dros Weriniaeth Weimar yn y cyfnod 1919–1923.

Un o elfennau mwyaf amhoblogaidd Cytundeb Versailles oedd Cymal yr Euogrwydd am y Rhyfel. Roedd y cymal hwn yn sefydlu'r egwyddor mai'r Almaen oedd yn gyfrifol am gychwyn y Rhyfel Byd Cyntaf, gan baratoi'r ffordd felly i'r buddugwyr hawlio iawndal ariannol. Seiliodd y Cynghreiriaid swm yr iawndal terfynol ar allu llywodraeth yr Almaen i dalu. Dan delerau'r cytundeb, cytunodd yr Almaen yn y pen draw i dalu

> **Gwirio gwybodaeth 8**
>
> Beth sbardunodd Putsch München? Pam digwyddodd hyn yn 1923?

> **Cyngor**
>
> Wrth baratoi at yr arholiad, ymchwiliwch sut manteisiodd Hitler ar ei achos llys yn 1924.

cyfanswm o 132 biliwn *mark* aur, gydag 82 biliwn yn ddyledus yn y dyfodol pell, a'r 50 biliwn arall i'w talu mewn taliadau blynyddol dros 40 mlynedd neu fwy. Roedd beirniaid ar yr adain dde yn cyfrifo y byddai'r galwadau am iawndal yn debygol o barhau tan fis Ebrill 1987!

Honnai'r beirniaid hyn mai Cytundeb Versailles oedd ffynhonnell problemau economaidd yr Almaen, gan ddadlau mai'r taliadau iawndal enfawr oedd wrth wraidd caledi economaidd parhaus y wlad. Boed hynny'n gywir ai peidio, daeth yr iawndal yn 'ddraenen yn ystlys' Gweriniaeth Weimar yn gyson.

At hynny, agorodd y taliadau iawndal glwyf seicolegol dwfn, yn ogystal â chreu effaith economaidd niweidiol. Drwy gytuno i dalu'r iawndal, roedd llywodraeth Weimar mewn perygl o gael ei chondemnio am fradychu'r Almaen. Yn ei hamddiffyniad, mabwysiadodd y Weriniaeth bolisi o'r enw '**cyflawniad**'.

Talodd yr Almaen y rhan gyntaf o'r iawndal ym mis Mai 1921, ond erbyn diwedd 1921 roedd yn amlwg y byddai'n methu talu taliadau pellach. Yn Ffrainc, roedd teimlad bod llywodraeth yr Almaen wedi trefnu'r argyfwng yn fwriadol.

Caniatawyd i'r Almaen ohirio'r taliadau oedd yn ddyledus yn Ionawr a Chwefror 1922, ond pan geisiodd sicrhau gohiriad pellach o 4 blynedd ar y taliadau iawndal, gwrthwynebodd llywodraeth Ffrainc. Eu barn nhw oedd bod yr Almaen yn meithrin argyfwng economaidd ac ariannol yn fwriadol, er mwyn osgoi talu. Dylai'r Almaen, yn ôl Ffrainc, sefydlogi'r Reichsmark er mwyn gallu talu'r iawndal.

Ar 16 Ebrill 1922, llofnododd llywodraethau'r Almaen a Rwsia Gytundeb Rapallo, gyda'r ddwy genedl yn cytuno i ganslo pob hawliad ariannol a thiriogaethol yn erbyn ei gilydd. Y cytundeb hwn oedd cam cyntaf yr Almaen ar ôl y rhyfel at adfer diplomyddiaeth ryngwladol a chydweithio economaidd. Ond roedd Ffrainc yn gandryll, gan ystyried y cytundeb yn enghraifft o'r Almaen yn bod yn ddauwynebog, i'r graddau y daeth yn gam hollbwysig wrth i Ffrainc benderfynu meddiannu'r **Ruhr**.

Meddiannu'r Ruhr

Roedd Ffrainc wedi cytuno i helpu'r Almaen drwy dderbyn cyfran o'r taliadau mewn deunyddiau crai a chynnyrch diwydiannol yn hytrach nag arian parod. Ond ar ddiwedd 1922, cafwyd datganiad gan y Comisiwn Iawndal fod yr Almaen wedi methu cyflenwi'r glo a'r pren a addawyd, a'i bod mewn dyled.

Yng ngolwg Ffrainc, roedd methiant cyson i dalu'r iawndal yn cynnig esgus dros feddiannu mwy o diriogaeth yr Almaen yn filwrol. Ar 11 Ionawr 1923, dechreuodd prif weinidog Ffrainc, Raymond Poincaré, feddiannu'r Ruhr gyda chefnogaeth Gwlad Belg. Gobeithiai Poincaré y byddai meddiannu canolfan ddiwydiannol yr Almaen yn dod â'r llywodraeth at ei choed ac yn ei gorfodi i dalu. Os na fyddai hyn yn digwydd, roedd Ffrainc yn hapus i aros am gyfnod amhenodol yn y Ruhr a manteisio ar adnoddau economaidd y rhanbarth.

Condemniodd y llywodraeth y cam hwn, gan honni ei fod yn torri Cytundeb Versailles a chyfraith ryngwladol. Galwodd ar ddinasyddion y Ruhr i ddefnyddio **gwrthwynebiad di-drais**, a gorchmynnodd y dylid atal y taliadau iawndal ar unwaith.

Cafwyd dicter a drwgdeimlad cenedlaethol a bron yn unfrydol wrth weld grym estron yn goresgyn yr Almaen, a thyfodd anfodlonrwydd pobl â'r gyfundrefn. Roedd rhan o'r Almaen wedi'i meddiannu, a doedd y llywodraeth i bob pwrpas ddim wedi gwneud unrhyw beth.

Cyflawniad Y syniad y dylid gwneud popeth posibl i gyflawni gofynion y Cynghreiriaid, er mwyn dangos pa mor afrealistig oedd y baich ar yr Almaen. Yn rhesymegol, byddai hyn wedyn yn arwain at leihau'r baich.

Y Ruhr Ardal ddiwydiannol gyfoethog a phwerdy mwynau'r Almaen.

Gwrthwynebiad di-drais Gwrthwynebu awdurdod yn oddefol a heb ddefnyddio grym. Yn ystod y cyfnod o feddiannu'r Ruhr, peidiodd ei gweithwyr diwydiannol â gweithio, gan olygu nad oedd ardal economaidd bwysicaf yr Almaen yn cynhyrchu.

Gorchwyddiant

O chwyddiant i orchwyddiant

Mae'n bwysig nodi bod chwyddiant wedi parhau'n uchel yn yr Almaen drwy gydol y cyfnod 1919–1923.

Mae'r cwestiwn ynghylch pwy oedd yn gyfrifol yn y pen draw am y gorchwyddiant yn un dadleuol. Ond mewn gwirionedd roedd gwerth *mark* yr Almaen, oedd eisoes yn dirywio'n ddifrifol, wedi chwalu ar ôl i Ffrainc a Gwlad Belg feddiannu'r Ruhr yn 1923.

Meddiannu'r Ruhr oedd ei diwedd hi i economi'r Almaen, gyda chwyddiant yn troi'n orchwyddiant. Yn llythrennol, doedd arian ddim yn werth y papur roedd wedi'i argraffu arno. Bu cannoedd o felinau papur a miloedd o gwmnïau argraffu'n gweithio shifftiau 24 awr yn argraffu'r holl arian papur oedd ei angen. Datblygodd 'cymdeithas gyfnewid', lle roedd nwyddau'n cael eu cyfnewid am wasanaethau. I'r rhan fwyaf o deuluoedd dosbarth gweithiol, roedd bywyd yn hunllef.

Cafodd hyn effaith economaidd a gwleidyddol ddifrifol ar Weriniaeth Weimar. Mewn cymdeithas o'r fath, yn aml mae'n haws i feirniaid chwilio am fwch dihangol neu erlid pobl, yn hytrach na cheisio helpu i ddatrys y problemau cymhleth.

O ganlyniad, beirniadwyd Gweriniaeth Weimar a'i harweinwyr yn ddidostur gan y rhai oedd wedi colli ffydd yn y broses ddemocrataidd. Aeth y pleidiau eithafol ar y chwith a'r dde ati i fanteisio ar y cyfle i gwyno'n groch am anallu'r llywodraeth, gan gynnig eu datrysiadau eu hunain ar gyfer dyfodol gwleidyddol yr Almaen ar yr union adeg pan oedd y Weriniaeth yn wynebu storm economaidd.

Gwirio gwybodaeth 9

Pa ffactorau arweiniodd at gyflymu dirywiad y Reichsmark erbyn 1923?

Cyngor

Gofalwch eich bod yn deall bod gorchwyddiant wedi cael mwy o effaith ar rai rhannau o gymdeithas o'u cymharu ag eraill.

Cyngor

Ffordd dda o ymdrin ag unrhyw gwestiwn arholiad yn ymwneud â llwyddiant neu fethiant Gweriniaeth Weimar fyddai cysylltu problemau economaidd a gwleidyddol y Weriniaeth yn y cyfnod 1919–1923.

Crynodeb

Pan fyddwch chi wedi cwblhau'r adran hon, dylai fod gennych chi wybodaeth drylwyr am y rhesymau dros ansefydlogrwydd Gweriniaeth Weimar yn y cyfnod 1919–1923, gan gynnwys y canlynol:

- Roedd Gweriniaeth Weimar yn eithriad yn natblygiad gwleidyddol yr Almaen. Daeth Weimar yn gyfaddawd anghyfforddus rhwng yr hen Almaen a'r Almaen newydd.
- Ansefydlogwyd trefn gymdeithasol yr Almaen gan rymoedd gwrth-weriniaethol a grwpiau eithafol ar y chwith a'r dde.
- Ychwanegodd Cyfansoddiad Weimar ddimensiynau newydd i densiynau oedd yn bodoli'n barod.

- Cafodd yr anhrefn economaidd ar ôl y Rhyfel effaith fawr ar bobl yr Almaen. Gwrthododd amrywiol grwpiau lles bolisïau economaidd Gweriniaeth Weimar ar lefel sylfaenol.
- Roedd Cytundeb Versailles yn gosb lem. Yn benodol, achosodd Cymal yr Euogrwydd am y Rhyfel niwed seicolegol i bobl yr Almaen. Creodd y taliadau iawndal wrthdaro pellach, yn genedlaethol ac yn rhyngwladol.
- I raddau, creodd llywodraeth Weimar ei phroblemau ei hun.

■Maint y newid mewn polisi tramor ac economaidd 1924–1929

Cyd-destun hanesyddol: gwendid neu wydnwch?

Mae gwydnwch gwleidyddol yn adlewyrchu gallu system wleidyddol i ymdrin â straen allanol ac aflonyddwch mewnol. Os na chaiff rhaniadau yn y gymdeithas eu hystyried ymlaen llaw, yna pan fydd argyfwng yn codi, daw'r rhaniadau hynny i'r amlwg yn gyflym gan waethygu'r sefyllfa.

Goroesodd Gweriniaeth Weimar sawl argyfwng rhwng 1918 ac 1923, ond cwestiwn arall yw ystyried a ddaeth drwyddi yn ddianaf, neu a oedd y cyhoedd ar ôl hynny yn gallu gweld ei gwendid.

Doedd neb yn gallu rhagweld y dyfodol i Weriniaeth Weimar yn 1923. Ond y mwyaf roedd ei gwleidyddion yn deall yr amgylchedd roedden nhw'n gweithio ynddo, y mwyaf tebygol oedd hi y byddai'r system ddemocrataidd yn parhau i weithio, gan ganfod ffyrdd priodol o ddatrys problemau. Mae llywodraethu cryf yn golygu mwy na gallu delio â'r annisgwyl – rhaid i chi wybod sut i wynebu'r hyn rydych chi'n ei ddisgwyl hefyd.

I ganol hyn, daeth Gustav Stresemann. Daeth yn ganghellor ym mis Awst 1923, ac er iddo ildio'r swydd yn fuan ar ôl hynny, parhaodd yn weinidog tramor yr Almaen tan iddo farw ym mis Hydref 1929.

Pan ddaeth i rym yn 1923, roedd yr Almaen mewn helbul mawr. Cafodd Gweriniaeth Weimar ei hun mewn sefyllfa lle roedd rhaid iddi weithio o fewn cyd-destun hanesyddol newydd. Roedd diffyg ymddiriedaeth mewn llywodraeth ddemocrataidd ymhlith y cyhoedd, ac amheuaeth o wleidyddion. Roedd pobl yr Almaen wedi syrffedu.

Yn ei ddwy rôl wleidyddol, cymerodd Stresemann yr awenau er mwyn gweithredu polisïau pwysig a datrys problemau. Yn ôl un safbwynt, drwy weithredu craff gallai ddyfalbarhau a llwyddo, hyd yn oed yn wyneb gwawd a beirniadaeth.

Y tu hwnt i'r Almaen, roedd Stresemann yn cael ei ystyried yn ffigwr o fri ac yn ymgorffori llwyddiant yr Almaen yn y cyfnod 1923–1929. Ond o fewn yr Almaen, roedd beirniaid ei gyfnod yn cwestiynu i ba raddau roedd yn arwr gwleidyddol ac yn wladweinydd medrus. Roedden nhw'n dadlau ei fod yn cyfaddawdu ar faterion polisi economaidd a thramor hanfodol, gan danseilio undod yr Almaen fel cenedl. Doedden nhw ddim yn derbyn ei fod yn gweithio y tu ôl i'r llenni i ddod o hyd i ffordd briodol o ddatrys y problemau a fodolai. Yn wir, roedd Stresemann yn **Vernunftrepublikaner**.

Ond rhaid cofio bod beirniaid yn aml yn methu cydnabod bod rhaid i wleidyddion fod yn hyblyg er mwyn goroesi'r storm, ac ambell waith fod rhaid iddyn nhw wneud cyfaddawd anffafriol.

Vernunftrepublikaner
Person a oedd yn gwrthwynebu'r Weriniaeth yn y bôn, ond oedd yn gwneud iddi weithio.

Polisi economaidd: rôl Gustav Stresemann yn y cyfnod 1924–1929

Cydweithredu neu gydweithio?

Pragmatydd oedd Stresemann, a gweithredai ar yr egwyddor hon: os nad oedd gan lywodraeth rym milwrol ac economaidd, doedd dim modd iddi chwarae gêm gwleidyddiaeth grym yn yr arena ryngwladol. Felly roedd yn awyddus i gyflwyno polisïau yn y gobaith y bydden nhw'n cael effaith gadarnhaol – nid yn unig ar bobl yr Almaen, ond hefyd ar y gymuned ryngwladol ehangach. Yn benodol, roedd yn poeni bod Ffrainc yn edrych ar ddigwyddiadau yn yr Almaen gyda chryn bryder ac amheuaeth.

Er mwyn adfer ffydd yn yr Almaen o safbwynt rhyngwladol, gweithiodd i greu sefydlogrwydd ariannol drwy waredu'r hen arian cyfred chwyddedig a chyflwyno arian cyfred newydd dros dro, sef y Rentenmark.

Daeth â'r meddiannu yn y Ruhr i ben hefyd, drwy addo talu'r iawndal a dod â'r gwrthwynebiad di-drais i ben, gan arwain at Gynllun Dawes yn 1924. Cytundeb rhwng y Cynghreiriaid a'r Almaen oedd Cynllun Dawes. Nod y cynllun oedd ei gwneud yn haws i'r Almaen dalu ei iawndal drwy leihau'r cyfanswm i 50 biliwn *mark*, aildrefnu'r Reichsbank a chyflwyno benthyciadau gan UDA i helpu gydag ad-daliadau.

Cyfrannodd hynny at yr hyn oedd yn ymddangos ar yr wyneb yn adferiad economaidd rhwng 1924 ac 1929. Yn wir, roedd llawer o'r dangosyddion economaidd yn yr Almaen yn gadarnhaol ar y cyfan, gan arwain at y canlynol:

- arian cyfred sefydlog
- cynnydd mewn cynhyrchu
- lleihau'r nifer o streiciau ac achosion o gloi gweithwyr allan
- cynnydd yng ngweithgaredd y diwydiant adeiladu
- cynnydd mewn twf blynyddol yn y sectorau haearn, dur, cemegol a thrydanol
- cynnydd mewn treuliant cyhoeddus
- codi safonau byw
- mwy o ddarpariaeth lles, gan gynnwys system gynhwysfawr o yswiriant diweithdra, gyda chyflogwyr a gweithwyr yn cyfrannu 3% o'u cyflog i gronfa yswiriant.

Ond er gwaethaf yr arwyddion allanol hyn o welliant, lledaenodd beirniadaeth yn eang y tu mewn i'r Weriniaeth. Yn benodol, roedd cyflogwyr a gwŷr busnes yn ddig oherwydd y canlynol:

- gallai fod yn beryglus mynd i ddyled enfawr a dod yn ddibynnol ar fenthyciadau tramor
- costau cymdeithasol uchel a baich yswiriant diweithdra
- dylanwad mudiad undebau llafur cryf, wedi'i annog gan yr SPD
- gorfod defnyddio cyflafareddu wrth drafod hawliadau'r gweithwyr am gyflogau uwch.

Dadl y cyflogwyr oedd bod yr economi'n cael ei hymestyn yn ormodol, a bod cyflogau a thaliadau'n cymryd gormod o'r incwm cenedlaethol, gan adael ychydig iawn ar gyfer buddsoddi. Yn eu golwg nhw, roedd economi Weimar yn strwythurol wan, ac os oedd yn ymddangos bod gwelliannau ymddangosiadol yn ystod y blynyddoedd o sefydlogrwydd cymharol, roedden nhw mewn gwirionedd yn fas ac anghyson. Roedden nhw'n credu eu bod yn debygol o ddatblygu'n broblemau posibl pe bai dirywiad economaidd arall yn digwydd.

Rentenmark Arian cyfred newydd a gyflwynwyd yn yr Almaen ar 15 Tachwedd 1923 i gymryd lle'r hen Papiermark, oedd bellach fwy neu lai yn ddiwerth yn sgil gorchwyddiant.

Gwirio gwybodaeth 10

Pam roedd rhai beirniaid yn y Reichstag yn ystyried bod Cynllun Dawes yn ail Versailles?

Cyflafareddu (*Arbitration*) Dwy ochr yn dod at ei gilydd i ddatrys anghydfod gyda chymorth trydydd parti.

Cynllun Dawes (1924)

Roedd Stresemann yn credu bod angen i'r Almaen adfer hyder yn yr economi, ac felly bu'n annog creu Cynllun Dawes. Ond mae'n annhebygol fod Stresemann yn credu yng ngwerth y cynllun, oherwydd yn breifat byddai'n cyfeirio ato fel 'dim mwy na chadoediad economaidd' yn y cystadlu rhwng Ffrainc a'r Almaen.

At hynny, roedd rhai beirniaid yn y Reichstag yn ystyried Cynllun Dawes yn 'ail Versailles'. Eu teimlad nhw oedd bod y cynllun yn achosi i Weriniaeth Weimar ddod yn economi dreiddiedig (*penetrated economy*), yn ddibynnol iawn ar arian tramor.

Ond yn gyffredinol, helpodd Cynllun Dawes yr Almaen i gwrdd â'i hymrwymiadau yn y cyfnod rhwng 1924 ac 1929, gan sefydlogi economi'r Almaen am gyfnod.

Cynllun Young (1929)

Llwyddiant economaidd arall i Stresemann oedd Cynllun Young, cynllun a ddiwygiodd yr iawndal eto drwy osod y taliadau ar lefel is.

Roedd cwestiwn yr iawndaliadau wedi ailgodi yn 1929, oherwydd dan Gynllun Dawes, roedd angen i'r Almaen ddechrau talu symiau uwch. Roedd yr Almaen am i Ffrainc adael y Rheindir, ond roedd Ffrainc yn mynnu cysylltu cwestiwn y Rheindir â Chynllun Young.

Roedd yr adain dde yn gwrthwynebu Cynllun Young yn chwyrn. Tyfodd ymgyrch bropaganda, dan arweiniad Alfred Hugenberg, nes dod yn ymosodiad ffyrnig ar y Weriniaeth. Dyn busnes uchelgeisiol a digyfaddawd oedd Hugenberg, ac roedd yn berchen ar rwydwaith enfawr o bapurau newydd a sinemâu oedd yn lledaenu propaganda cenedlaetholgar gwenwynig. Bu'n annog y syniad bod pobl yr Almaen yn gaethweision i gyfalaf tramor, ac yn benodol i ddoler yr Unol Daleithiau.

Ond yna cyhoeddwyd refferendwm ar rywbeth o'r enw 'Cyfraith Rhyddid'. Ymdrech ofer gan genedlatholwyr yr Almaen oedd hon i gyflwyno deddfwriaeth fyddai'n ymwrthod yn ffurfiol â Chytundeb Versailles a'i delerau. Ond arweiniodd y refferendwm at drechu Hugenberg a'r adain dde, a phasio deddfwriaeth Cynllun Young. Er hynny, pleidleisiodd 5,825,000 o Almaenwyr dros y Gyfraith Rhyddid, gan ddangos eu bod i bob pwrpas yn gwrthod gwaith gwladweinwyr y Weriniaeth, yn credu bod Stresemann yn fradwr, ac am ddewis polisi oedd yn herio gweddill y byd. Roedd hynny'n ffaith arwyddocaol.

Mae cryfder a gwendid economaidd fel llanw a thrai, a does dim un system economaidd yn gweithio'n berffaith drwy'r amser. Ond roedd y beirniaid adain dde yn dal i fynnu bod talu iawndal yn dilysu ardrefniant Versailles, felly dalion nhw i ddefnyddio'r iawndal fel gwrthwynebiad.

Ond os bwriad cyffredinol strategaeth economaidd Stresemann oedd tawelu gwleidyddiaeth yr Almaen yn gyflym, roedd yn ymddangos ei fod yn llwyddo.

Yn etholiad y Reichstag yn 1928, gwelodd y pleidiau oedd o blaid Weimar eu cyfran o'r bleidlais boblogaidd yn cynyddu o 52% yn 1924 i 73% yn 1928.

Erbyn 1929, roedd llywodraeth weriniaethol ddemocrataidd yn bodoli ers degawd yn yr Almaen. Ond o dan y sefydlogrwydd ar yr wyneb, dechreuodd craciau gwleidyddol ac economaidd ymddangos. Roedd hyder yng ngallu pleidiau democrataidd prif ffrwd

Gwirio gwybodaeth 11

Pam roedd beirniaid yn ystyried diwedd gwrthwynebiad di-drais yn y Ruhr, a Chynllun Dawes, fel gweithredoedd o frad?

Gwirio gwybodaeth 12

Sut roedd y Gyfraith Rhyddid yn gysylltiedig â beirniadaeth adain dde o Weriniaeth Weimar?

i arwain yr Almaen yn effeithiol yn dal i fod yn isel. Roedd polisïau Stresemann ymhell o fod yn boblogaidd yn gyffredinol, ac roedd rhaid iddo ymladd yn galed drostyn nhw yn wyneb gwrthwynebiad ffyrnig o'r adain dde eithafol, yr adain chwith eithafol a hyd yn oed aelodau adain dde yn ei blaid ei hun.

Polisi tramor: Nodau a chyflawniadau Stresemann yn y cyfnod 1924–1929

Cyd-destun hanesyddol: cydweithio neu dwyllo?

Roedd sefydlu Gweriniaeth Weimar yn arwydd o ddiffyg parhad yn natblygiad gwleidyddol yr Almaen. Ond yn nhermau polisi tramor, roedd cysondeb sylweddol â'r Almaen yng nghyfnod Wilhelm.

Mewn gwirionedd, roedd polisi tramor Weimar yn dal i arddel syniadau hŷn am ehangu tiriogaeth ac ymerodraeth. Roedd consensws eang y byddai angen i'r Almaen ailsefydlu ei sail grym cyfandirol yn gyntaf, cyn mentro unwaith eto ar anturiaethau tramor.

Ond ychydig o le oedd gan lywodraethau cynnar Weimar i weithredu. Roedd Versailles yn dal i gaethiwo'r Almaen, ac roedd diffyg ymddiriedaeth dwfn yn parhau o fewn y gymuned ryngwladol mewn unrhyw adfywiad yng ngrym yr Almaen yn Ewrop. Fel gweinidog tramor, roedd Stresemann yn dymuno dilyn polisi tramor **adolygiadol**. Ond sut gallai fodloni buddiannau'r Almaen a llwyddo i dawelu pryderon y gymuned ryngwladol ar yr un pryd? Oedd angen iddo fod yn bragmataidd, neu a oedd am fod yn gyfrwys? Roedd yn sefyllfa anodd i fod ynddi. Gwnaeth canghellor cyntaf Ymerodraeth yr Almaen, Otto von Bismarck, gymhariaeth addas, gan ddweud fod polisi tramor yn debyg i symud fel ci drwy goedwig drwchus gyda ffon hir yn ei geg.

Yn dilyn marwolaeth Stresemann yn 1929, cyhoeddwyd ei ddyddiaduron a'i bapurau, gan atgyfnerthu'r ddelwedd o Stresemann fel cymodwr, Ewropead da, ac yn y pen draw, Almaenwr da. Ond mae ymchwil newydd i archifau llywodraeth yr Almaen a chyhoeddi dyddiaduron Stresemann heb eu golygu ers hynny wedi arwain at ailwerthuso'r gŵr a'i waith.

Roedd yr Almaenwyr i gyd yn y bôn yn adolygiadwyr o ran polisi tramor, ond yn amrywio yn eu syniadau ynglŷn â'r ffordd orau o gyflawni'r nod hwn.

Roedd pobl gymedrol, fel Stresemann, yn ymwybodol iawn fod y llwyfan domestig oedd yn sail i bolisi tramor yr Almaen yn boenus o wan. Eu datrysiad felly oedd sefydlogi a chryfhau'r economi er mwyn i'r Almaen adennill ei llais mewn gwleidyddiaeth ryngwladol, a chael cymryd rhan wrth addasu Cytundeb Versailles. Mae'r polisi hwn wedi'i alw'n fath o 'adolygiadaeth hyblyg'. Sylweddolodd Stresemann fod rhaid iddo adennill sofraniaeth lawn yn gyntaf, cyn y gallai'r Almaen fynd ati i ddilyn polisi tramor mwy cadarn.

Fel canghellor a gweinidog tramor yr Almaen, roedd Stresemann mewn sefyllfa ddelfrydol i ddilyn polisi domestig, fel cydweithio economaidd yn Ewrop, er budd polisi tramor tymor hir.

Ond roedd eithafwyr adain dde y tu mewn a'r tu allan i'r Reichstag yn credu mai dim ond trwy rym allanol y gellid dinistrio'r cytundeb, ac nid drwy negodi o'r tu mewn.

Cyngor

Wrth werthuso llwyddiant neu fethiant cyffredinol Gweriniaeth Weimar, cofiwch fod methu creu sefydlogrwydd domestig llwyr wedi gweithio yn erbyn y Weriniaeth.

Adolygiadwyr Y rhai oedd eisiau i delerau Cytundeb Versailles gael eu hadolygu, gan ei bod yn eu barn nhw yn weithred wallgof a throseddol.

Roedd y bobl hyn yn mynnu:

- gwrthod talu iawndal
- dechrau ailarfogi gorfodol
- paratoi ar gyfer gwrthdaro, yn wleidyddol ac yn filwrol pe bai angen.

Ond roedd Stresemann yn credu na fyddai modd diwygio'r cytundeb drwy rym arfog, ac er gwaethaf ymdrechion yr eithafwyr i danseilio'r hyn roedden nhw'n ei weld yn gydweithio gyda'r Cynghreiriaid, ei ddatrysiad cymedrol ef aeth â hi.

Yn eironig, helpodd y llwyddiannau economaidd dan arweiniad Stresemann i gryfhau gallu milwrol y wlad, a rhoddodd hyn yn ei dro hygrededd i ddadl yr eithafwyr y byddai ymateb mwy radical yn datrys y problemau roedd Versailles wedi'u creu.

Cytundeb Rapallo (1922)

Ar 16 Ebrill 1922, llofnododd yr Almaen Gytundeb Rapallo â Rwsia, gwlad arall oedd ar y tu allan i wleidyddiaeth ryngwladol. Roedd y cytundeb yn un a fyddai'n fuddiol i'r ddwy ochr, gan ei fod yn sefydlu cysylltiadau diplomyddol rhwng y ddau rym ac yn gosod sylfaen ar gyfer contractau masnachol a chydweithio economaidd.

Roedd y cytundeb hefyd yn nodi cam cyntaf Gweriniaeth Weimar ar ôl y rhyfel tuag at fabwysiadu trywydd annibynnol a dianc rhag 'unbennaeth' y Cynghreiriaid. Roedd Rapallo'n cynrychioli un o bileri'r polisi gwrth-Versailles. Fel gweinidog tramor ar y pryd, Walther Rathenau oedd yn bennaf cyfrifol am negodi'r cytundeb, oedd yn normaleiddio'r berthynas rhwng yr Almaen a Rwsia Gomiwnyddol. Er nad oedd yn eithafwr ei hun, gallai Rathenau weld potensial adfywiad economaidd drwy farchnad Rwsia, ond drwy wneud hynny, fe gryfhaodd sefyllfa'r adolygiadwyr eithafol yn anfwriadol.

Cytundeb Locarno (1925)

Roedd Cytundebau Locarno yn saith cytundeb gafodd eu negodi rhwng 5 ac 16 Rhagfyr 1924 yn Locarno, y Swistir. Llofnodwyd y cytundeb gan Brydain, Ffrainc, Gwlad Belg a'r Almaen ar 1 Rhagfyr 1925, a'r prif nod oedd diogelu'r ffiniau ar ôl y rhyfel yng Ngorllewin Ewrop a sicrhau dadfilwrio parhaol yn y Ruhr. Roedd gwarant Stresemann y byddai'n cynnal y ffin Orllewinol â Ffrainc a Gwlad Belg yn golygu nad oedd Ffrainc bellach mewn sefyllfa i wneud cyrch arall i feddiannu rhannau o'r Almaen fel y gwnaeth yn y Ruhr. Oherwydd yr ymrwymiad hwn, byddai'r Almaen yn cael ymuno â Chynghrair y Cenhedloedd yn 1926, ac yn yr un flwyddyn derbyniodd Stresemann Wobr Heddwch Nobel.

Ond wrth i Ffrainc amau bod yr Almaen yn ildio ei cholledion yn fwriadol yn y Gorllewin er mwyn sicrhau rhyddid i symud yn y Dwyrain, roedd y gwrthwynebwyr gwrth-weriniaethol yn y Reichstag yn llawn dicter chwerw am y cytundeb.

Cytundeb Berlin (1926)

Llofnodwyd Cytundeb Berlin ar 24 Ebrill 1926. Roedd y cytundeb yn ehangu'r berthynas gynharach rhwng yr Almaen a Rwsia a sefydlwyd yn Rapallo. Cytunodd y ddau bŵer i aros yn niwtral pe bai'r naill neu'r llall yn mynd i ryfel â thrydedd cenedl.

Roedd yr Undeb Sofietaidd wedi bod yn amheus o Gytundeb Locarno, oherwydd nad oedd yr Almaen wedi cydnabod y ffin ddwyreiniol a osododd y Cynghreiriaid ar y Sofietiaid ar ôl y Rhyfel Byd Cyntaf. O ganlyniad, roedd rhai'n gweld y cytundeb fel mesur pragmataidd ar ran Stresemann i leddfu pryderon y llywodraeth Sofietaidd.

Cyngor

Pan fyddwch chi'n cael ffynonellau gwreiddiol yn yr arholiad, edrychwch bob amser i weld pwy ysgrifennodd nhw, pryd a pham. Cofiwch fod angen i haneswyr allu gweld dogfennau hanesyddol cyflawn er mwyn cael darlun cyffredinol o faterion a datblygiadau hanesyddol.

Mwy arwyddocaol fyth oedd defnydd yr Almaen o'i pherthynas arbennig â Rwsia fel modd i osgoi'r cyfyngiadau ar ailarfogi a osodwyd gan Gytundeb Versailles. Mewn gwirionedd, roedd y cytundeb yn galluogi Stresemann i wella ei safle bargeinio yn y Gorllewin, gan atgyfnerthu rhai o delerau cytundeb blaenorol Rapallo.

Cytundeb Kellogg–Briand (1928)

Llofnodwyd Cytundeb Kellogg–Briand gan yr Almaen, Ffrainc ac UDA ar 27 Awst 1928, a gan y rhan fwyaf o'r gwledydd eraill yn fuan wedi hynny. Roedd y cytundeb yn ymwrthod â defnyddio grym i ddatrys anghydfod, ac roedd yn weithred arall o gymodi gan yr Almaen oedd wedi'i hanelu at sicrhau ymateb cadarnhaol yn rhyngwladol. Ond arweiniodd at feirniadaeth fewnol chwyrn gan eithafwyr adain dde. Roedd y beirniaid yn honni bod y polisi o dalu iawndal, cydnabod y ffiniau a sefydlwyd yn Versailles a chydweithredu gyda Chynghrair y Cenhedloedd yn weithredoedd o gydweithio oedd yn dilysu'r cytundeb a'i delerau llym, a thrwy hynny'n ildio'r Almaen.

Canlyniadau

Doedd y gwrthwynebwyr cenedlaethol fyth yn mynd i gymodi â'r Weriniaeth. Gwrthodon nhw bob ymdrech i gydymffurfio â'r gymuned ryngwladol – gan gynnwys Versailles, Locarno a Chynghrair y Cenhedloedd – cyn cychwyn ymgyrch propaganda oedd yn llawn dirmyg at bolisïau'r Weriniaeth o gydweithredu a 'chyflawniad' rhyngwladol. Iddyn nhw, roedd y Weriniaeth yn system fradwrus, ac roedd gelynion yr Almaen wedi'i gosod arnyn nhw er mwyn cadw'r Almaen yn wan.

Heb os, cynyddodd polisïau economaidd a thramor Stresemann rym milwrol a thwf diwydiannol yr Almaen. Ond er gwaethaf y llwyddiannau, i gymryd lle strategaeth ddiplomyddol llywodraeth yr 1920au, yn yr 1930au daeth trywydd mwy llym ac ymosodol dan y cangellorion Heinrich Brüning, Franz von Papen ac yn olaf, Adolf Hitler.

Mae rôl Stresemann fel gweinidog tramor yr Almaen yn ystod y cyfnod hwn wedi codi rhai trafodaethau diddorol.

- Oedd ei bolisïau'n ddim mwy na rhan o'r hen agenda cenedlatholgar i adfer statws yr Almaen fel grym Ewropeaidd pwysig?
- A honnodd Stresemann a'i gefnogwyr iddyn nhw gael mwy o lwyddiant wrth adfer grym yr Almaen nag roedd y ffeithiau'n ei awgrymu?

Cyngor

Cofiwch y bydd cartwnau Almaeneg adain dde yn feirniadol o bolisïau Stresemann.

Crynodeb

Pan fyddwch chi wedi cwblhau'r adran hon ar y cyfnod 1924–1929, dylai fod gennych chi wybodaeth drylwyr am y ffordd y deliodd Stresemann â sialensiau'r cyfnod, gan gynnwys y canlynol:

- Sicrhaodd Stresemann sefydlogrwydd ariannol drwy newid y Papiermark am y Rentenmark.
- Adeiladodd berthynas â'r Gorllewin drwy Gytundeb Locarno (1925), Cytundeb Kellogg–Briand (1928) a Chynghrair y Cenhedloedd.
- Cafodd ffordd fuddiol o ddatrys y taliadau iawndal gyda Chynllun Dawes (1924) a Chynllun Young (1929).

- Cryfhaodd y berthynas â Rwsia er mwyn ailaddasu ffiniau dwyreiniol yr Almaen gyda chytundebau Rapallo (1922) a Berlin (1926).
- Llwyddodd i gyflawni ei amcanion polisi tramor yn yr arena rhyngwladol ar ôl y rhyfel, sef diwygio Cytundeb Versailles o blaid yr Almaen.
- Deliodd â beirniaid adain dde ei bolisïau, oedd yn cynnwys 'cyflawniad' a chydweithio â Chynghrair y Cenhedloedd.

◼ Esgyniad y Natsïaid i rym 1924–1932

Nodau a thactegau'r Natsïaid yn y cyfnod 1924–1929

Roedd Putsch München yn 1923 yn nodi diwedd cyfnod cyntaf Sosialaeth Genedlaethol. Arweiniodd at arestio Hitler, ei garcharu a gwaharddiad dros dro ar ei blaid. Roedd Hitler wedi cyflawni uchel frad, ac eto mewn gwirionedd wedi cael dim mwy na chosb symbolaidd. Treuliodd 9–10 mis o ddedfryd 5 mlynedd o garchar.

Roedd llanastr 1923 yn ergyd ddifrifol i'r Blaid Natsïaidd, ond o anhrefn y putsch aflwyddiannus, roedd Hitler wedi dysgu dau wirionedd sylfaenol:

1 bod barn y cyhoedd yn anwadal a chyfnewidiol.
2 ei bod yn fyrbwyll peryglu popeth dros un chwyldro ar yr adeg anghywir.

Cafodd achos llys Hitler lawer o gyhoeddusrwydd yn y wasg. Roedd hyn yn cynnig llwyfan cyhoeddus iddo symud o ymylon y dde radical i ganol y mudiad cenedlaetholgar. Roedd ei gyhuddiadau cyhoeddus yn erbyn y llywodraeth yn adlewyrchu beirniadaeth frathog yr adain dde ar Weriniaeth Weimar, ac yn cydgordio â'r grwpiau adain dde o'r un meddylfryd oedd yn galw am aileni cenedlaethol a newid yng nghyfeiriad gwleidyddol yr Almaen.

Cyd-destun hanesyddol: oedd Hitler yn realydd neu'n oportiwnydd?

Pan ryddhawyd Hitler o'r carchar yn 1924, roedd yr NSDAP mewn anhrefn ac wedi troi'n blaid o garfanau yn brwydro'n erbyn ei gilydd. Yn swyddogol, roedd y blaid wedi'i gwahardd. Yn answyddogol, roedd yn parhau i fodoli dan yr arweinydd dros dro, Alfred Rosenberg. Penderfynodd Hitler fod angen iddo ailosod stamp ei ddylanwad ar y blaid ac felly aeth ati i wneud y canlynol:

- sicrhau bod unrhyw wrthwynebiad posibl o fewn y blaid yn colli ei rym drwy ddinistrio neu amsugno gelynion
- adeiladu carfan gref o gefnogwyr.

Roedd yr Almaen a welodd Hitler wrth ddod o'r carchar bellach wedi newid yn sylweddol. Roedd trefn wedi'i hadfer ac roedd yr economi'n dechrau gwella. Gyda sefyllfa'r wlad yn debycach i'r arfer, roedd llai o gyfle i ymgyrchwyr gwleidyddol eu gorfodi eu hunain ar gymdeithas.

Roedd Sosialaeth Genedlaethol heb os wedi'i niweidio yn dilyn digwyddiadau 1923. Felly yn y cyd-destun hwn, roedd angen i Hitler fabwysiadu ymagwedd newydd, ac roedd yn benderfynol o ailddatblygu'r mudiad ar hyd llwybr gwahanol. Roedd eisoes wedi ailddrafftio athroniaeth Natsïaeth yn ei gyfrol *Mein Kampf* pan oedd yn y carchar.

Chwarae'r system

Gyda'r cam ailddatblygu cyntaf ar waith, roedd Hitler yn benderfynol bod rhaid i'r NSDAP weithio i ddod yn fudiad torfol go iawn, a byddai gwneud hynny'n golygu cymryd rhan mewn etholiadau a dilyn y trywydd cyfreithlon at rym. Hynny yw, roedd Hitler yn bwriadu 'chwarae'r system'.

Mein Kampf
Hunangofiant a thestament gwleidyddol Adolf Hitler a gyhoeddwyd yn 1925. Roedd y gwaith yn amlinellu ideoleg wleidyddol Hitler a'i gynlluniau ar gyfer Sosialaeth Genedlaethol a'r Almaen.

Gwirio gwybodaeth 13

Beth oedd elfennau allweddol athroniaeth *Mein Kampf*?

Doedd hyn ddim yn golygu tröedigaeth sylfaenol tuag at egwyddorion democratiaeth gyfansoddiadol. I'r gwrthwyneb – cymerodd yr NSDAP rôl plaid seneddol er mwyn dwyn cefnogaeth etholiadol oddi ar eu gwrthwynebwyr ar y dde. Roedd Sosialaeth Genedlaethol yn ei hanfod yn fudiad annemocrataidd, ond byddai'n defnyddio democratiaeth fel llwyfan i gyflawni ei nod canolog o gael gwared ar y system ddemocrataidd. Ffordd o gyrraedd y nod oedd llywodraeth seneddol, ac nid y nod ei hun. Felly, dewisodd Hitler y llwybr arafach at rym, drwy brosesau democrataidd a chyfansoddiadol y Weriniaeth, yn ei ymdrechion i ddinistrio'r Weriniaeth o'r tu mewn yn hytrach nag ail-greu corwynt o'r tu allan. Dyma'r llwybr y dechreuodd arno pan ailgyfansoddwyd y blaid yn 1925.

Roedd Hitler am greu grym gwleidyddol o bwys. Drwy wneud hynny, byddai'n gosod y Blaid Natsïaidd mewn sefyllfa i fanteisio ar ddiffyg ymddiriedaeth cynyddol y bobl mewn pleidiau gwleidyddol prif ffrwd. I bob pwrpas, cyflwynodd ddewis gwleidyddol i bobl yr Almaen, yn yr hyder y bydden nhw'n dod i dderbyn y Blaid Natsïaidd yn y pen draw.

Gwnaeth gynnydd gwirioneddol yn y blynyddoedd ar ôl 1925, ond graddol oedd y cynnydd hwnnw. Dyma'r blynyddoedd o baratoi ac ehangu strwythur a threfniant y blaid. Roedd Hitler yn hyderus y byddai'n hawlio ei le mewn hanes, ac felly roedd yn ymddiried yn y reddf hon mai dyna oedd ei dynged, a'i fod wedi'i anfon gan ragluniaeth i achub yr Almaen. Anwybyddai ddadleuon beirniaid fel Friedrich Stampfer, prif olygydd y papur newydd sosialaidd *Vorwarts*, oedd yn amau a allai 'gorila swnllyd' fyth lywodraethu cymdeithas Almaenig oleuedig. Roedd Hitler yn dal i gael ei ystyried yn ddyn dibwys. Ond roedd yn disgwyl manteisio ar ddatblygiadau yn y Blaid Natsïaidd yn ddiweddarach, pan ragwelodd y byddai amgylchiadau wedi newid o'i blaid.

Gan gofio bod Hitler wedi'i wahardd rhag siarad yn gyhoeddus yn yr Almaen ar ôl 1923, roedd ehangu'r blaid yn dibynnu ar **Gaus** a **Gauleiters**.

Yr hyn oedd yn cymell Hitler oedd ei awydd i sicrhau'r gefnogaeth gyhoeddus fwyaf posibl. Felly roedd yn awyddus i dawelu natur chwyldroadol yr SA, a'i gyfyngu i gynorthwyo'r sefydliad gwleidyddol, am y tro o leiaf. Os oedd yn mynd i chwarae'r system ddemocrataidd, roedd angen iddo sicrhau na fyddai gweithredoedd yr SA yn troi'r mwyafrif o Almaenwyr cymedrol oddi wrth y blaid.

Yn ystod y cyfnod hwn, gosododd Hitler y **Führerprinzip** ar y blaid, er gwaethaf heriau gan ei wrthwynebwyr fel Otto Strasser ac Ernst Röhm. Erbyn 1926, roedd tua 35,000 o aelodau gan y blaid, ac roedd Hitler erbyn hyn wedi sefydlu'r SS, sef llu parafilwrol elît oedd yn gyfrifol am ei ddiogelwch personol ef ei hun.

Rhwng 1927 ac 1928, roedd y rhan fwyaf o **Länder** yr Almaen wedi codi'r gwaharddiad a osodwyd ar y Natsïaid ar ôl Putsch München. Hwn oedd wedi atal Hitler rhag annerch cyfarfodydd agored. Nid oedd bellach yn cael ei ystyried yn fygythiad. Yn wir, roedd y gyfundrefn weriniaethol wedi dod mor rhyddfrydol nes nad oedd yn sensro unrhyw farn oni bai ei bod yn fygythiad uniongyrchol i'r drefn gyhoeddus.

Roedd tirwedd pleidiau gwleidyddol yr Almaen wedi newid yn llwyr rhwng 1925 ac 1929. Y rhain oedd blynyddoedd y *Kampfzeit* (y cyfnod o frwydro), pan oedd y Natsïaid yn ymladd am rym gwleidyddol. Yn ystod y cyfnod hwn roedd y Natsïaid yn anelu at gael mwy o sylw cenedlaethol, a thaflu cysgod dros eu gwrthwynebwyr ar y dde.

Gau Ardaloedd rhanbarthol y Blaid Natsïaidd.

Gauleiter Arweinydd cangen ranbarthol o'r Blaid Natsïaidd.

Führerprinzip Egwyddor oedd yn atgyfnerthu safle Hitler fel arweinydd diamheuol a goruchaf y Blaid Natsïaidd, ac yn ddiweddarach, y Drydedd Reich.

Länder 21 is-adran ffederal yr Almaen yn ystod cyfnod Weimar. Yn lle bodoli fel breniniaethau neu ddugaethau sofran, roedden nhw bellach yn daleithiau.

Cyngor

Ystyriwch beryglon posibl rhyddid mynegiant i ddemocratiaeth newydd fel Gweriniaeth Weimar.

Ddiwedd yr 1920au, dechreuodd y cenedlaetholwyr ildio eu rheolaeth dros y gwrthwynebiad adain dde i'r Natsïaid. At hynny, arwydd arall cadarnhaol i'r Natsïaid oedd fod pobl yr Almaen yn dechrau symud oddi wrth y canol gwleidyddol traddodiadol.

Rôl propaganda

Manteisiodd y Natsïaid ar ofnau a rhagfarnau poblogaidd, gan ddefnyddio technoleg fodern a grym geiriau llafar. Teithiodd Hitler ac arweinwyr eraill o amgylch yr Almaen i ganfasio'r etholwyr. Yn 1927, roedd Joseph Goebbels yn Gauleiter dros Berlin, ac aeth ati i sefydlu papur newydd *Der Angriff* (*Yr Ymosodiad*) fel arf propaganda i'r blaid yn y brifddinas.

Fel rhan o ymgyrch y Natsïaid yn etholiadau'r Reichstag yn 1928, ymosododd Goebbels drwy'r papur ar y llywodraeth yn gyffredinol, heb esbonio o gwbl pa bolisïau fyddai'n dilyn. Er gwaethaf yr ymgyrch negyddol, oedd yn llai na pharchus at y sefydliadau gwleidyddol, llwyddodd i gael ei ethol.

Ar ôl 1928, canolbwyntiodd propaganda'r Natsïaid ar yr ymdeimlad o fygythiadau i'r dosbarth canol a'r boblogaeth wledig – yn erbyn dymuniadau rhai o aelodau mwy sosialaidd y blaid.

Rhwng 1926 ac 1927, roedd y cynllun trefol wedi'i sefydlu, ond ar ôl 1928, symudodd y blaid ei hymgyrch o'r trefi i gefn gwlad er mwyn manteisio ar ddirwasgiad amaethyddol a wnaeth bethau'n fwy ansicr i'r boblogaeth wledig. Roedd y Natsïaid yn fedrus wrth fanteisio ar faterion rhanbarthol, ac yn ddiweddarach un o brif bwyntiau areithiau Hitler oedd targedu cynulleidfaoedd penodol gyda delfrydau Natsïaidd penodol.

Er gwaethaf yr ymagwedd newydd hon, roedd yn arbennig o anodd rhwng 1924 ac 1929 i'r mudiad Natsïaidd ddod i'r amlwg. Yn etholiadau Mai 1928, enillodd y blaid 12 sedd yn y Reichstag (gydag un o'r rhain i Goebbels), gyda 2.6% yn unig o'r bleidlais. Roedd y ffaith i'r blaid oroesi'r cyfnod hwn yn adlewyrchiad o'i gwydnwch cynyddol.

Y newid yn hynt y Blaid Natsïaidd erbyn Tachwedd 1932

Cyd-destun hanesyddol: gweithredu gwleidyddol a chwymp economaidd

Ar ôl mabwysiadu Cynllun Young yn ffurfiol yn 1930, parhaodd y grwpiau ar y dde â'u hymgyrch yn ei erbyn ar ôl gwrthwynebu ei ffurfio. Un o'r grwpiau hyn oedd yr NSDAP.

Erbyn 1929, roedd yr NSDAP yn cael ei rhedeg yn dda ar sail strwythur cenedlaethol cadarn. Roedd y blaid wedi gweithio'n galed ar recriwtio, codi arian a chanfasio, ac wedi'i threfnu o'r canol i lawr i'r rhanbarthau, ac yn llorweddol yn ôl gwahanol grwpiau cymdeithasol neu alwedigaethol gwahanol. Ychwanegwyd Mudiad Ieuenctid Hitler a Chynghrair Sosialaidd Genedlaethol Myfyrwyr yr Almaen i'r sefydliad yn 1926, gan arwain at dwf cyson yn nifer y recriwtiaid i achos y blaid.

Gwirio gwybodaeth 14

Pam na chafodd y Natsïaid well llwyddiant yn etholiad 1928?

Roedd yr ymgyrch yn erbyn Cynllun Young yn cynnig llwyfan i'r Natsïaid o fewn gwleidyddiaeth genedlaethol, ynghyd â rhywfaint o barchusrwydd. Wrth i'r ymgyrch ddod yn amlycach, roedd proffil Hitler yn codi. Elwodd yntau hefyd o'i gyswllt â Hugenberg, y DNVP, ac yn ddiweddarach â **Ffrynt Harzburg** a busnesau mawr.

Roedd y Natsïaid hefyd wedi datblygu sylfaen etholiadol a ehangodd yn gyflym wrth i ddirwasgiad economaidd gydio yn yr Almaen yn 1929. Roedd y newid ym mlaenoriaethau etholiadol y Natsïaid yn cyd-fynd â chwymp economaidd enfawr.

Roedd yr NSDAP wedi'i seilio ar bolisi o brotest a drwgdeimlad, ac er bod nifer y pleidleiswyr Natsïaidd yn dal i fod yn gymharol fach, roedd y craidd o aelodau gweithgar yn llawn egni a brwdfrydedd dros hyrwyddo achos Sosialaeth Genedlaethol. Yna, yn etholiad Mai 1930, cynyddodd nifer pleidleisiau'r NSDAP o 810,000 i 6.4 miliwn. Aeth y blaid o 12 sedd yn y Reichstag i 107. Roedd y canlyniad hwn yn foment wleidyddol hollbwysig yn hanes Gweriniaeth Weimar.

Ond a oedd y cynnydd hwn mewn cefnogaeth boblogaidd yn ganlyniad i ddadrithiad â llywodraeth Weimar, neu ai apêl boblogaidd y Blaid Natsïaidd oedd yn gyfrifol?

Llwyddiant etholiadol y Natsïaid: deffroad gwleidyddol neu wleidyddiaeth dyfalbarhad?

Mae llawer o resymau allweddol pam enillodd yr NSDAP gymaint o'r bleidlais yn etholiad ffederal yr Almaen ar 14 Medi 1930.

■ Yn yr amgylchedd gwleidyddol drylliedig roedd gwleidyddion Weimar yn gweithredu ynddo, roedd gan bleidiau eithafol botensial i ddod yn hynod o ddylanwadol gan eu bod yn cynnig rhywbeth cwbl wahanol.

■ Mae barn gyhoeddus yn symud yn ôl a blaen am ei bod fel arfer yn cael ei gyrru gan hunan-les. Mae hyn yn aml yn arwain at 'ddadymochri' (*dealignment*), sef tuedd lle mae safbwynt cyfran fawr o'r boblogaeth yn symud, gan golli cyswllt â'r pleidiau gwleidyddol prif ffrwd. Er enghraifft, trodd y dosbarth canol oddi wrth y pleidiau traddodiadol a dechrau cefnogi'r NSDAP. Roedd hyn gan eu bod yn ofni dirywiad dramatig yn eu statws cymdeithasol oni bai fod rhywbeth dramatig yn digwydd i'w gynnal. O ganlyniad, gall dadymochri greu sioc seismig yn natblygiad gwleidyddol gwlad.

■ Yn dilyn etholiadau 1928, newidiodd y Blaid Natsïaidd ei ffocws o'r ardaloedd trefol i gefn gwlad. O 1928 ymlaen, bu argyfwng gorgynhyrchu amaethyddol byd-eang. Yn 1927, roedd pris gwenith, rhyg a phorthiant anifeiliaid o amgylch 250 *mark* y dunnell fetrig. Ond erbyn 1930 roedd wedi cwympo i fod o amgylch 160 *mark*. O ganlyniad, cafwyd cwymp o ran proffidioldeb amaethyddiaeth. Roedd incwm y pen ym maes amaethyddiaeth 44% yn is na'r cyfartaledd cenedlaethol. Cwympodd cynnyrch grawnfwyd fesul hectar o dir o 4,583 miliwn *mark* yn 1928 i 2,973 miliwn *mark* erbyn 1930.

■ Roedd y rhan fwyaf o ffermwyr Protestannaidd wedi dod o hyd i'w cartref ideolegol yn y DNVP, a dim ond cam ideolegol bach felly oedd trosglwyddo eu teyrngarwch i Blaid fwy radical y Natsïaid. Targedodd y Blaid Natsïaidd y boblogaeth wledig gyda'i syniadau gwrth-weriniaethol. Roedd Natsïaeth yn ddigon hyblyg i ddenu'r boblogaeth amaethyddol fwy traddodiadol, a chafodd y blaid ymateb mwy cadarnhaol na'r hyn a gafodd yn y canolfannau trefol a diwydiannol.

Ffrynt Harzburg
Casgliad llac o grwpiau gwrthwynebol cenedlaetholgar, adain dde.

Cyngor

Er bod modd honni bod twf y gefnogaeth i'r Blaid Natsïaidd o ganlyniad i ddadrithiad yng Ngweriniaeth Weimar yn bennaf, un wrth-ddadl yw y gallai effaith economaidd y Dirwasgiad fod wedi achosi'r twf ym mhoblogrwydd y blaid.

- Roedd yr ardaloedd trefol yn tueddu i gefnogi'r KPD neu'r SPD bron yn llwyr, er nad oedd y dosbarth gweithiol yn gwbl fyddar i raglen wleidyddol y Natsïaid. Ond fel arfer roedd polisïau cenedlaetholgar gan gynhyrfwyr adain dde ar y cyfan yn cael eu hanwybyddu yn y trefi.
- Yn dilyn argyfwng amaethyddol, daeth yr enillion sylweddol cyntaf i'r Natsïaid yn etholiadau 1928. Daeth y cefnogaeth o du'r dosbarth canol a ffermwyr oedd wedi'u dadrithio.
- Cyfrannodd Cwymp Wall Street yn 1929 hefyd at radicaleiddio barn wleidyddol yn yr Almaen, wrth i galedi economaidd ac ofn y caledi hwnnw arwain at dwf enfawr yn y gefnogaeth i'r Natsïaid. Roedd chwyddiant wedi gwneud y boblogaeth yn ansefydlog.
- Roedd y Blaid Natsïaidd yn agored ei gwrthwynebiad i'r Weriniaeth, a dechreuodd llawer o Almaenwyr feio'r system yn gyffredinol am eu problemau.
- Roedd diffyg arweiniad cryf yn y Weriniaeth, a dyna'n union roedd y Natsïaid yn ei addo. Roedd Hitler yn benboeth yn ei hyder y byddai'n dod i rym, ac roedd hyn yn apelio at y rhai oedd wedi'u dadrithio â'r system ar y pryd. Addawodd Hitler weledigaeth yn dangos sut le fyddai'r Almaen ar ôl Weimar. Ond roedd natur amwys y weledigaeth yn gadael i bobl ddod i gasgliadau gwahanol am yr hyn roedd y Natsïaid yn ceisio'i gyflawni.
- Ar yr un pryd â'r dirywiad economaidd, cafwyd twf yn y gefnogaeth i'r KPD. Roedd pobl yn debygol o gefnogi plaid oedd yn addo atal y Comiwnyddion rhag dod i rym.
- Dechreuodd effaith gronnus propaganda'r Natsïaid daro tant gyda grwpiau gwahanol yng nghymdeithas yr Almaen.
- Yn 1930, chwalodd democratiaeth Weimar. Yn ogystal â hynny, cwympodd y glymblaid rhwng y Sosialwyr Democrataidd, Plaid y Canol a Phlaid y Bobl oherwydd anghytuno ynghylch mesurau i ddelio â diffygion y gyllideb. O'r cyfnod hwnnw ymlaen, ni chafwyd gwir lywodraeth seneddol. Penodwyd Heinrich Brüning, arweinydd Plaid y Canol, yn ganghellor. Bu'n llywodraethu drwy ordinhad, gan orfodi Erthygl 48 y cyfansoddiad oherwydd diffyg cefnogaeth yn y Reichstag.

Ym mis Ebrill 1932, cynhaliwyd etholiadau arlywyddol yn yr Almaen. Er i von Hindenburg gael ei ailethol yn arlywydd, enillodd Hitler 37% o'r pleidleisiau yn yr ail bleidlais. Roedd hyn yn dangos yn glir fod cefnogaeth i Sosialaeth Genedlaethol yn tyfu'n rhyfeddol o gyflym.

Erthygl 48 Yr erthygl yng Nghyfansoddiad Weimar oedd yn gadael i'r arlywydd osod mesurau brys yn ystod adegau o argyfwng, heb gydsyniad ymlaen llaw gan y Reichstag.

Etholiadau 1932

Gorffennaf: uniondeb etholiadol neu bwysau gwleidyddol?

Mewn egwyddor, dylai'r holl actorion gwleidyddol gystadlu ar sail gyfartal, fel bod etholwyr yn rhydd i ddewis rhwng opsiynau gwleidyddol. Dylai prosesau gwleidyddol fod yn rhai tryloyw, a dylai'r canlyniadau adlewyrchu barn yr etholwyr yn gywir.

Dylai'r broses hefyd sicrhau bod pob hawl wleidyddol yn cael ei goddef a'i diogelu, a dylai gael ei dderbyn yn gyffredinol fod egwyddor trafodaeth rydd yn cael ei pharchu. Mae caniatáu negeseuon gwleidyddol pleidiau eraill a pheidio ag amharu arnyn nhw yn rhyddid gwleidyddol sylfaenol.

Ond mewn gwlad sy'n cael trafferth â materion yn ymwneud â llywodraethu a rheolaeth cyfraith, gall fod bron yn amhosibl cynnal uniondeb etholiadol. Mae pobl wedi gweld bod diwylliant gwleidyddol cenedl yn effeithio ar ymddygiad ei dinasyddion a'i harweinwyr gwleidyddol mewn ffyrdd cadarnhaol a negyddol.

Yn achos Gweriniaeth Weimar, wrth i'r sefyllfa economaidd waethygu ac wrth atal y llywodraeth seneddol, daeth mwy o drais gwleidyddol. Cyn etholiad ffederal Gorffennaf 1932, cafwyd ton o drais ar y strydoedd gyda'r SA yn chwarae rhan amlwg. Lladdwyd 99 o bobl ac yn ôl adroddiadau anafwyd 1,125 mewn sgarmesau rhwng yr SA a pharafilwyr Comiwnyddol.

Mae'n anodd dweud pa ddylanwad gafodd y digwyddiadau hyn ar ganlyniadau etholiad Gorffennaf, ond yn sicr wnaethon nhw ddim niwed i achos y Natsïaid, oherwydd enillodd y blaid 230 o seddau a 37.33% o'r bleidlais. Roedd hwn yn drobwynt pwysig yn natblygiad gwleidyddol yr Almaen, oherwydd y Natsïaid bellach oedd y blaid fwyaf yn y Reichstag am y tro cyntaf.

Tachwedd: o sefyllfa amhosibl, i fuddugoliaeth

Er i'r Natsïaid golli llawer o seddau yn ail etholiad y Reichstag ym mis Tachwedd 1932, ac er i'r KPD gael enillion pellach, yr NSDAP oedd y blaid fwyaf yn y Reichstag o hyd, gyda 196 o seddau.

Cadarnhaodd etholiadau 1932 fod y rhan fwyaf o etholwyr yr Almaen wedi troi yn erbyn democratiaeth, gan ei gwneud yn anodd ffurfio llywodraeth weithredol oedd ddim yn cynnwys Hitler.

Yn wir, roedd grwpiau dylanwadol fel diwydianwyr yn credu mai'r unig ffordd o dynnu'r Almaen o'i thrybini oedd drwy greu llywodraeth sefydlog oedd â'r Blaid Natsïaidd yn rhan ohoni. Ysgrifennon nhw at yr Arlywydd von Hindenburg ym mis Tachwedd 1932, yn galw am drosglwyddo cyfrifoldeb i Hitler, arweinydd y blaid genedlaetholgar fwyaf.

Yn dilyn etholiadau Tachwedd 1932, roedd grymoedd ar waith yn cystadlu yn erbyn ei gilydd. Roedd ysbryd y blaid wedi dirywio, wrth i elfennau mwyaf gwyllt yr SA alw am ymosod yn uniongyrchol ar y Weriniaeth a'r posibilrwydd o ennill grym yn edrych fel pe bai'n llithro i ffwrdd.

Roedd cryfder gwleidyddol y Blaid Natsïaidd wedi gwanhau ym mis Tachwedd, ond cyn hynny roedd ei photensial wedi'i sefydlu heb amheuaeth ym mis Gorffennaf 1932. Roedd Hitler am greu carfan seneddol drefnus a chydlynol oedd yn osgoi brwydro mewnol a sgandal.

Ond roedd hon yn dasg anodd, gan na fu'n bosibl tyfu plaid wleidyddol adain dde wedi'i radicaleiddio i'r fath raddau heb rai gwahaniaethau barn cryf. Roedd Hitler yn dal yn awyddus i gyflwyno delwedd o'i blaid fel y gwrthwyneb i'r elît llwgr yn ei olwg yntau oedd mewn grym.

Ar y llaw arall, roedd y sefydliad gwleidyddol yn awyddus i fanteisio ar boblogrwydd etholiadol a photensial y Natsïaid, ond gan gyfyngu ar eu grym ar yr un pryd.

Yn wir, roedd Hitler wedi bod yn ymwybodol o'r cyfyng-gyngor gwleidyddol cynyddol hwn, oherwydd rhwng 1930 ac 1932 gwrthododd gael ei wthio yn rhy gynnar i glymblaid lle gallai'r cangellorion Brüning neu von Papen ddefnyddio ei blaid i gael eu pleidleisiau. Yn y bôn, felly, roedd Hitler yn parhau i sefyll yn erbyn yr elît gwleidyddol. Roedd eisoes wedi ceisio mynnu cael dod yn ganghellor ym mis Awst 1932 yn dilyn canlyniadau etholiad Gorffennaf, ond gwrthododd y Canghellor von Papen a'r Arlywydd von Hindenburg. Nid oedd von Hindenburg yn fodlon penodi Hitler yn ganghellor oni bai ei fod yn gallu sicrhau mwyafrif clir yn y Reichstag.

Gwirio gwybodaeth 15

Pam nad oedd y Natsïaid yn fwy llwyddiannus yn etholiadau'r Reichstag ym mis Tachwedd 1932?

Sosialaeth Genedlaethol yn 1932

Cyd-destun hanesyddol: asesiad risg

Pam y collodd cynllwynwyr gwleidyddol profiadol eu pwyll yn y cyfnod ar ôl 6 Tachwedd 1932?

Elît ceidwadol yr Almaen oedd yn rheoli'r llwybr at y gangelloriaeth. Yn y pen draw, rhoeson nhw'r grym i ddyn o Awstria oedd wedi bod yn ddinesydd yr Almaen ers llai na blwyddyn. Doedd bosibl eu bod nhw'n sylweddoli nad oedd hynny'n arwydd da ar gyfer datblygiad gwleidyddol yr Almaen? Wedi'r cyfan, doedd Hitler ddim yn dod o'r un brethyn â gwleidyddion traddodiadol, ac i wneud pethau'n waeth, roedd yn elyn pennaf democratiaeth. Nid oedd ganddo set gaeth o egwyddorion chwaith, a allai ddarparu arweiniad gwleidyddol moesegol i bobl yr Almaen.

At hynny, mae realiti gwleidyddol yn golygu y bydd pleidiau annemocrataidd yn fygythiad i werthoedd sylfaenol. Wrth benderfynu a oedd y Natsïaid yn werth y risg, dylai'r elît ceidwadol fod wedi talu mwy o sylw i nodau ac arferion y blaid. Dylen nhw fod wedi craffu'n fanylach ar raglen y Blaid Natsïaidd a datganiadau ei harweinwyr, yn ogystal â gweithgareddau ei haelodau. Roedd grŵp chwyldroadol wedi cael cryn ryddid i weithredu a threfnu, ac nawr roedd yn mynd i gael ei wahodd i ffurfio llywodraeth.

Beth oedd wedi cymell ceidwadwyr â diddordebau personol pwerus i geisio perswadio Hitler i ymuno â'r llywodraeth, neu o leiaf ei chefnogi?

- Yn etholiadau Gorffennaf 1932, prin iawn oedd y cynnydd yn y cefnogaeth i'r Natsïaid ers yr etholiad arlywyddol. Roedd etholiadau Tachwedd yn awgrymu bod y Natsïaid wedi cyrraedd eu brig o ran poblogrwydd. Collon nhw seddau yn y Reichstag a phrofi cwymp o ran cefnogaeth y cyhoedd. I'r elît ceidwadol, roedd yn ymddangos bod hynt y Natsïaid yn gwanhau.
- Doedd yr NSDAP ddim yn ymddangos mor beryglus bellach. Yn wir, roedd trais yn rhoi rhywfaint o barchusrwydd i'r Natsïaid gan ei fod yn gwasanaethu lles y genedl drwy ddileu bygythiad comiwnyddiaeth.
- Un cymhelliad allweddol oedd y syniad brawychus o lywodraeth Gomiwnyddol.
- Doedd dim dewis arall sefydlog.
- Roedd yr NSDAP yn ymddangos yn rhanedig ac wedi'i gwanhau. Roedd Gregor Strasser, gwrthwynebydd Hitler yn y blaid, yn barod i ddechrau trafodaethau â'r canghellor ar y pryd, Kurt von Schleicher.
- Llwyddodd von Papen i berswadio'r Arlywydd von Hindenburg ei bod yn ddiogel gadael i Hitler ddod yn Ganghellor yr Almaen oherwydd y byddai yntau, a'r lleill yn y Cabinet oedd ddim yn Natsïaid, yn ei ddofi.
- Wrth ddod â Hitler i mewn i'r llywodraeth ar lefel israddol ac fel rhan o glymblaid a grëwyd yn ofalus, byddai modd ei reoli.

Roedd grwpiau adain dde yn gweld cyfle i osod cyfundrefn fwy awdurdodaidd yn lle democratiaeth Weimar. Roedd sawl barn wahanol am ffurf bosibl cyfundrefn o'r fath. Roedd rhai'n chwarae â'r syniad o adfer y frenhiniaeth. Roedd eraill yn dymuno adfer system wleidyddol yr **Ail Reich**, ond gydag arlywydd yn ben, yn hytrach nag ymerawdwr. Fodd bynnag, un peth oedd yn gyffredin gan y rhan fwyaf o'r safbwyntiau hyn oedd y penderfyniad i roi rôl fwy israddol i'r senedd, a thrwy hynny eithrio'r chwith rhag cael dylanwad gwleidyddol effeithiol. Drwy'r cynlluniau hyn, daeth mudiad y Natsïaid i fod â swyddogaeth bwysig.

Ail Reich Sefydlwyd yr ail ymerodraeth yn yr Almaen yn 1871, ac roedd yn gyfundrefn awdurdodaidd.

Roedd gwerthoedd traddodiadol a syniadau gwleidyddol newydd yn dod yn fwy a mwy pegynnol. Roedd yr hen elît yn colli'r gefnogaeth dorfol roedd ei angen i ddychwelyd i'r hen system. Heb unman i fynd, penderfynon nhw mai cynghrair â'r Natsïaid oedd y dewis gorau.

Gan eu bod wedi'u dadrithio gan system ddemocrataidd Weimar, dechreuodd y sefydliad ceidwadol gefnogi Hitler fel arweinydd plaid dorfol, er eu bod yn dal i obeithio dylanwadu arno a'i reoli. Ond doedd Hitler ddim yn barod i ymuno â'r llywodraeth mewn rôl israddol. Os oedd yn mynd i fod yn fwy cyfrifol, roedd am gael grym i gyd-fynd â'r cyfrifoldeb hwnnw. Yn ddiweddarach, daliodd ei dir drwy wrthod cyfaddawdu a derbyn y cynnig i ddod yn is-ganghellor – hyd yn oed pan ataliwyd twf ei blaid yn etholiad Tachwedd 1932.

Dan yr amgylchiadau hyn, perswadiwyd von Hindenburg oedrannus i benodi Hitler yn ganghellor mewn clymblaid dan arweiniaid y cenedlaetholwyr Natsïaidd ym mis Ionawr 1933. Roedd Hitler yn fodlon â'r cyfaddawd hwn, ond dim ond am ei fod yn hyderus mai ychydig o amser byddai'n ei gymryd iddo ei ryddhau ei hun o gaethiwed cadwyni von Papen a gweddill y cenedlaetholwyr.

Y rhesymau dros dwf y gefnogaeth i Sosialaeth Genedlaethol

Er na fwriodd y mwyafrif o bobl yr Almaen bleidlais dros Hitler yn etholiadau'r Reichstag ym mis Gorffennaf 1932, mae'n ffaith sicr fod 13.7 miliwn o bobl wedi gwneud hynny. Roedd hyn yn 37.3% o'r nifer a bleidleisiodd yn yr etholiad, a 31.4% o bawb oedd yn gymwys i bleidleisio.

Roedd y gefnogaeth hon yn codi o gyfuniad o anfodlonrwydd, drwgdeimlad ac ofn. Dechreuodd Sosialaeth Genedlaethol ddenu pobl ofnus a'r rhai oedd wedi colli popeth. Roedd y Natsïaid yn apelio at bobl anfodlon o bob dosbarth. Nhw oedd plaid y bobl yng ngwir ystyr y gair.

Roedd syniadau'r Natsïaid yn ddigon amwys a hyblyg i gynnwys sbectrwm eang o gefnogaeth boblogaidd. Yn hyn o beth, gallai Sosialaeth Genedlaethol olygu gwahanol bethau i wahanol grwpiau ar wahanol adegau.

Ni ddigwyddodd Natsïaeth pan oedd yr Almaenwyr yn edrych i'r cyfeiriad arall

Un esboniad cyffredin am dwf y gefnogaeth i'r Blaid Natsïaidd yw gweld Hitler fel ymgorfforiad o'r Almaenwr mwyaf cynrychioliadol mewn hanes.

Roedd ei fuddugoliaeth yn benllanw rhesymegol i rai o brif themâu hanes yr Almaen. Doedd Sosialaeth Genedlaethol ddim yn ddamwain erchyll a ddigwyddodd i bobl yr Almaen – mae'n bosibl olrhain gwreiddiau'r Blaid Natsïaidd i filwriaeth Prwsia, realpolitik cyfnod Bismarck ac i Gynghrair yr Almaen Gyfan.

Cynnyrch argyfwng

A fyddai'r mudiad Natsïaidd wedi gallu datblygu o gwbl oni bai am amgylchiadau penodol blynyddoedd cynnar Gweriniaeth Weimar?

Esboniad cyffredin arall am dwf y gefnogaeth i Hitler a Sosialaeth Genedlaethol yw eu gweld fel canlyniad argyfwng – yn benodol, argyfwng democratiaeth yn yr Almaen hyd at y Dirwasgiad yn 1929 a thu hwnt. Newidiodd Sosialaeth Genedlaethol o fod yn

Realpolitik Gwleidyddiaeth ar sail amcanion ymarferol yn hytrach na delfrydau.

Cynghrair yr Almaen Gyfan Sefydlwyd hwn yn 1890 i brotestio gan fod yr Almaen wedi ildio'i hawl ar Zanzibar i Brydain. Roedd y Gynghrair yn annog meithrin undod hiliol a diwylliannol holl bobloedd yr Almaen.

ddibwys i fod yn achos amlwg yn ystod cyfnod Weimar, ac roedd anfodlonrwydd â'r system yn cynnig tir recriwtio ffrwythlon i'r Natsïaid. Ffynnodd Sosialaeth Genedlaethol mewn argyfwng economaidd cynyddol.

Yn yr amgylchiadau hyn, roedd yn anoddach creu diwylliant gwleidyddol democrataidd, ymarferol, effeithiol. Roedd y Blaid Natsïaidd yn **blaid boblyddol**, oedd yn bwydo ar anfodlonrwydd ar raddfa fawr. Cynnyrch storm berffaith o drallod economaidd, anallu'r llywodraeth, rhagfarn boblogaidd ac ofn comiwnyddiaeth oedd Sosialaeth Genedlaethol.

> **Plaid boblyddol** Plaid sy'n edrych fel pe bai'n cynrychioli ewyllys y bobl.

Er hynny, roedd pleidlais i Hitler yn fwy na phleidlais yn erbyn y system wleidyddol fel roedd hi. Roedd esgyniad Hitler i rym yn ganlyniad grymoedd cadarnhaol yn ogystal â rhai negyddol.

Cynnyrch propaganda

Swyddogaeth propaganda yn y lle cyntaf oedd denu cefnogaeth. Yna yn ddiweddarach, ar y cyd â threfniadaeth y blaid, y nod oedd cynnal ymrwymiad torfol. Roedd Hitler yn credu mai hanfodion propaganda oedd lleihau'r neges i'r syniad symlaf posibl. Dylai'r neges fod yn syml, yn drawiadol, yn gofiadwy ac yn ailadroddus. Fel yr ysgrifennodd Hitler unwaith:

> Mae'r hyn mae'r bobl yn gallu ei dderbyn yn gyfyngedig iawn, mae eu deallusrwydd yn isel, ond mae eu gallu i anghofio'n enfawr.

Cynnyrch personoliaeth

Er bod Hitler yn cael cymorth gan ddadl gymdeithasol, economaidd a gwleidyddol unigryw o fewn Gweriniaeth Weimar, chwaraeodd yntau hefyd ran fwy canolog a chadarnhaol ym muddugoliaeth Sosialaeth Genedlaethol. Dyma oedd tri maes ei ddylanwad:

1 **Trefniadaeth**. Mireiniodd ac ehangodd Hitler drefniadaeth y blaid yn y cyfnod 1924–1928, er mwyn iddi allu manteisio ar amgylchiadau yn y dyfodol.

2 **Carisma**. Creodd Hitler fudiad unigryw, dramatig a phersonol oedd yn adlewyrchu ei rwystredigaethau a'i ragfarnau ei hun, a gwahoddodd yr Almaenwyr i rannu'r rhagfarnau hynny. Roedd ganddo egni etholiadol rhyfeddol, a gallai chwarae ar elyniaeth ac ofnau ei gynulleidfaoedd penodol. Roedd yn symleiddio eu hofnau, ac yna'n eu chwyddo'n enfawr. Creodd ddarlun o'r Almaen wedi'i hamgylchynu gan elynion, gan deilwra'r gelynion hynny i gynulleidfaoedd penodol.

3 **Strategaeth**. O ran strategaeth ac amseru, mae rhai wedi honni bod Hitler yn anelu at ei nod mor sicr â phe bai'n cerdded yn ei gwsg. Roedd yn gallu tanio'r bobl anfodlon ym mhob dosbarth drwy bwysleisio materion cyffredinol fyddai'n denu'r holl bobl. Felly gallai Sosialaeth Genedlaethol gynnig ymdeimlad o undod cenedlaethol, yn enwedig pan oedd amgylchiadau'n creu amheuon difrifol am y system wleidyddol fel yr oedd hi.

Damwain drasig

Awgrymwyd yn aml bod esgyniad Hitler i rym yn ddamwain drasig enfawr oherwydd i'r dosbarth uwch, ceidwadol, adain dde, fentro ceisio'i reoli pan oedd mewn grym, a methu. Mae rhai haneswyr wedi awgrymu bod esgyniad Hitler i rym wedi digwydd o ganlyniad i weithredoedd y gwleidyddion Almaenig oedd ddim yn Sosialwyr Cenedlaethol, yn hytrach na gweithredoedd Hitler ei hun. Roedden nhw'n gweithredu wrth iddo yntau aros.

Natur gynyddol awdurdodaidd y llywodraeth

Gan ei bod yn amhosibl cynnal clymbleidiau sefydlog, gorfodwyd cangellorion yr Almaen i lywodraethu, o'r 1930au ymlaen, drwy gyfres o fwyafrifoedd *ad hoc* ac ordinhadau arlywyddol (*presidential decrees*). Roedd y sefyllfa hon wedi cael ei rhagweld fel un dros dro, ond yn y pen draw daeth yn gyffredin.

Y fyddin a'r SA

Cafodd yr SA ei ddefnyddio i godi arswyd, gwneud argraff, bwlio a brawychu poblogaeth yr Almaen. Y fyddin oedd yr asiant olaf o reolaeth gymdeithasol oedd â'r potensial i atal twf Sosialaeth Genedlaethol. Ond er ei bod yn anfodlon, roedd hi'n gweld potensial yn y Natsïaid i adfer ei bri ei hun.

Crynodeb

Pan fyddwch chi wedi cwblhau'r adran hon ar y cyfnod 1924–1932, dylai fod gennych chi wybodaeth drylwyr am y newid yn hynt y Blaid Natsïaidd, gan gynnwys y canlynol:

- Ailddatblygodd Hitler y Blaid Natsïaidd wedi 1925 drwy ei gosod fel dewis gwleidyddol gwahanol i'r pleidiau prif ffrwd.
- Creodd y Natsïaid rith o barchusrwydd, er enghraifft drwy ymgyrchu yn erbyn Cynllun Young.
- Chwaraeodd y Blaid Natsïaidd y system wleidyddol drwy ddilyn y llwybr cyfreithiol at rym.

- Creodd y Dirwasgiad, a'r cwymp a ddaeth wedyn, ansicrwydd economaidd. Anogodd hynny gefnogaeth dorfol i'r Blaid Natsïaidd.
- Manteisiodd y Natsïaid ar ofnau a rhagfarnau poblogaidd, fel ofn comiwnyddiaeth.
- Roedd grwpiau elît gwleidyddol, fel y diwydianwyr, yn awyddus i fanteisio ar boblogrwydd cynyddol Sosialaeth Genedlaethol ar ôl 1932.

■ Argyfwng Gweriniaeth Weimar 1929–1933

Cyd-destun hanesyddol: effaith y Dirwasgiad

Gallai **amddiffynwyr** Gweriniaeth Weimar ddadlau bod brwydrau gwleidyddol mewnol yr 1930au wedi'u sbarduno gan ddigwyddiad allanol ar raddfa enfawr. Arweiniodd cwymp Wall Street, a'r anawsterau cynyddol i fusnesau yn UDA, at adalw'r benthyciadau tymor byr oedd wedi bod yn sail i gyfnod byr Weimar o ffyniant cymharol. Lleihaodd masnach fyd-eang, ac yn sgil cyflwyno diffynnaeth (*protectionism*) daeth Dirwasgiad byd-eang mwy nag a welwyd erioed o'r blaen, gan foddi a llethu'r Weriniaeth.

Cafodd ffermwyr yr Almaen eu taro gan gyfraddau llog uchel cyn 1929. Nawr cawson nhw eu taro gan brisiau'n cwympo, wrth i ddiwydiant ddioddef dirwasgiad ac wrth i gwymp y banciau daro'r system gyllid.

> **Cyngor**
>
> Mae'n bwysig deall a chofio yn eich arholiad bod problemau gwleidyddol yn gysylltiedig ag anfodlonrwydd cymdeithasol ac economaidd.

A bod yn deg, nid oedd modd beio holl broblemau'r Almaen ar Gwymp Wall Street. Roedd arwyddion bod economi'r Almaen yn dirywio ar ddechrau 1929, pan gyrhaeddodd diweithdra 2 filiwn. Ond gwaethygodd Cwymp Wall Street y sefyllfa, gyda diweithdra yn yr Almaen yn cyrraedd 5 miliwn yn 1931 a 6 miliwn yn 1932. Roedd pedwar o bob deg gweithiwr yn yr Almaen yn ddi-waith.

Effeithiodd y dirwasgiad ar bawb bron, drwy greu'r canlynol:

- dirywiad yn y sefyllfa economaidd
- dibyniaeth ar fudd-daliadau nawdd cymdeithasol pitw i fwydo teuluoedd a chadw cartrefi'n gynnes
- trawma seicolegol wrth i ddiweithdra barhau.

Wrth i'r argyfwng economaidd waethygu yn 1931 ac 1932, parhaodd y trais. Diflannodd hyder yn y llywodraeth, ac roedd trueni cymdeithasol ac economaidd yn bygwth llu o bobl ddi-waith.

Ond roedd canlyniadau gwleidyddol hefyd.

Mae gwleidyddiaeth argyfwng bob amser yn creu cyfleoedd i rywun. Yn yr achos hwn, cydiodd y Canghellor Brüning yn y cyfle i fanteisio ar yr argyfwng economaidd a gwaredu'r Almaen rhag baich taliadau iawndal a dyledion tramor.

Ceisiodd droi rheidrwydd yn rhinwedd drwy ddefnyddio twf eithafiaeth wleidyddol yn yr Almaen yn dilyn y Dirwasgiad fel modd o sicrhau diwedd ar daliadau iawndal. Cytunwyd ar **foratoriwm** ar y taliadau iawndal a'r dyledion rhyfel ym mis Gorffennaf 1931, ac ym mis Mehefin 1932 rhoddwyd y gorau i'r taliadau iawndal.

Amddiffynnwr Rhywun sy'n amddiffyn rhywbeth yn gadarn.

Moratoriwm Atal rhywbeth dros dro.

Effaith wleidyddol y dirwasgiad

Consensws gwleidyddol neu eithafiaeth wleidyddol?

Mae rhai haneswyr 'beth os' yn aml wedi bod yn feiddgar a honni pe bai Stresemann heb farw, a phe bai Cwymp Wall Street heb arwain at ddirwasgiad byd-eang, y byddai Gweriniaeth Weimar wedi gallu ennill calonnau a meddyliau'r Almaenwyr yn barhaol.

Arweiniodd twf diweithdra at ddadrithiad dwfn ymhlith y cyhoedd yn y Weriniaeth, a lledaenodd eithafiaeth yn gyflym drwy fywyd gwleidyddol yr Almaen. O 1929 ymlaen, radicaleiddiodd y Dirwasgiad garfannau o'r boblogaeth, ar ôl i chwyddiant eu gwneud yn ansefydlog yn barod, a'u troi at y chwith eithafol neu'r dde eithafol. Dinistriodd unrhyw bosibilrwydd o gonsensws gwleidyddol, a dychwelodd yr Almaen at lywodraeth awdurdodaidd.

O'r holl bobl ddosbarth gweithiol a recriwtiwyd i'r NSDAP rhwng 1930 ac 1933, roedd 55% yn ddi-waith. Ym mis Medi 1930, enillodd y Blaid Natsïaidd 107 o seddau yn y Reichstag, ac enillodd y Comiwnyddion 77. Roedd y pleidiau eithafol yn gallu denu pleidlais brotest enfawr, felly erbyn 1932 – o gyfrif pleidleisiau Natsïaidd a Chomiwnyddol gyda'i gilydd – gwelwyd bod mwyafrif etholwyr yr Almaen wedi troi yn erbyn democratiaeth.

Drwy ariannu diweithdra gyda chynnig i godi cyfraniadau yswiriant diweithdra, bu dadlau pleidiol chwerw. Arweiniodd hyn at lywodraeth seneddol aneffeithiol ar adeg pan oedd angen cydsefyll.

Ar 27 Mai 1930, ymddiswyddodd y llywodraeth glymblaid dan Hermann Müller. Penodwyd Heinrich Brüning yn ganghellor. Bu'n llywodraethu drwy ordinhad, gan orfodi Erthygl 48 oherwydd diffyg cefnogaeth yn y Reichstag. Felly cymerodd Brüning y dull awdurdodaidd o lywodraethu a'i droi yn ddull 'arferol' cyn i Hitler ddod i rym. Yn fwy na hynny, gwnaeth y dull hwn yn un poblogaidd. Rhwng 1930 ac 1932, pasiodd y Reichstag 29 deddf fach a 109 ordinhad brys. Mewn gwirionedd, felly, peidiodd Gweriniaeth Weimar â bod yn ddemocratiaeth weithredol.

Roedd hyn yn tynnu dirmyg ar ben democratiaeth, ac yn ei gwneud hi'n haws eto i ddyrchafu rheolwr awdurdodaidd. O ganlyniad, mae'r blynyddoedd hyn wedi cael eu galw'n 'gyfnod awdurdodaidd y Weriniaeth'. Gorfodwyd cangellorion i ddefnyddio ordinhadau er mwyn sicrhau rhyw fath o drefn.

Llywodraeth glymblaid ac etholiadau

Er mwyn i ddemocratiaeth weithio, mae'n rhaid cael consensws cyffredinol o blaid y system. Ar yr wyneb, dyna welwyd yn yr Almaen, gyda chanlyniad etholiad 1919 yn bleidlais o hyder yn y gyfundrefn newydd. Ond roedd clymblaid wreiddiol Weimar yn 1919 yn 'gynghrair anfad' (*unholy alliance*) oedd yn cynnwys yr SPD, Plaid y Canol a'r DDP, lle roedd pawb yn amau ei gilydd.

Yn 1919, enillodd y tair plaid hyn 22.5 miliwn o bleidleisiau (78%) a 347 o seddau. Yn 1920, enillodd yr un pleidiau 11.25 miliwn o bleidleisiau (48%) a 241 o seddau. Ar adegau roedd rhaid i'r llywodraeth ddibynnu ar bleidiau eraill, gan gynnwys y DNVP, i ffurfio clymbleidiau a allai weithio. Roedd yr arfer hwn yn golygu bod sylfaen y llywodraeth yn ehangu drwy'r amser, gan ei gwneud hyd yn oed yn fwy anodd dod i benderfyniadau pwysig. Daeth hyn yn anfantais annioddefol pan darodd y Dirwasgiad yn 1929.

Cyngor

Meddyliwch am y Dirwasgiad fel catalydd ar gyfer twf eithafiaeth wleidyddol a diwedd llywodraeth ddemocrataidd yn yr Almaen. Defnyddiwch hyn yn eich atebion.

Cyngor

Byddwch yn ofalus o ffynonellau cynradd sy'n cynnwys ffigurau diweithdra, gan eu bod nhw'n cynrychioli'r bobl ddi-waith oedd wedi'u cofrestru, ond heb roi'r darlun cyflawn.

Cyngor

Cofiwch fod y rhai a ddaeth o flaen Hitler yn paratoi'r ffordd ar gyfer unbennaeth.

Troi'r cloc gwleidyddol yn ôl neu ymlaen?

Roedd Weimar wedi datblygu'n gyfres o 21 cabinet ar sail clymblaid o'r tair prif blaid, ond gyda phleidiau eraill fel y DVP a'r DNVP yn mynd a dod. O ganlyniad, cafodd Weimar ei gwanhau gan y patrwm hwn o lywodraethau clymblaid, ac felly ni ddaeth system genedlaethol o lywodraeth i fod erioed.

O'r herwydd, doedd llwyddiant cychwynnol y system weriniaethol yn 1919 yn ddim mwy na rhith. Roedd gormod o wrthwynebwyr yn ystyried democratiaeth yn ddyfais estron, wedi'i gosod oddi uchod ar bobl oedd wedi arfer â set gwbl wahanol o egwyddorion cenedlaethol a gwleidyddiaeth o'r cyfnod cyn y Rhyfel Byd Cyntaf.

Yn anochel, arweiniodd gwendidau yn y cyfansoddiad at ansefydlogrwydd gwleidyddol drwy gydol oes Gweriniaeth Weimar. Wrth gynnal etholiadau drwy gynrychiolaeth gyfrannol, roedd yn bosibl i bleidiau llai o faint ennill seddau ac felly sicrhau llais yn y Reichstag. Ond ni lwyddodd y dull hwn o bleidleisio i wneud fawr ddim i ffurfio mwyafrif clir. Er enghraifft, ni lwyddodd unrhyw blaid erioed i ennill dros 50% o'r bleidlais.

Arweiniodd y newidiadau cyson yn llywodraeth y glymblaid at lawer o feirniadaeth o system wleidyddol oedd yn llawn mân gweryla. Roedd llawer ar yr adain dde yn teimlo bod democratiaeth wedi rhoi grym i'r bobl mewn ffordd roedd yr hen system awdurdodaidd dan y Kaiser wedi ymdrechu'n galed i'w atal.

Yn aml, yr unig ffordd o sicrhau clymbleidiau sefydlog rhwng y pleidiau a ddymunai gymryd rhan yn y llywodraeth oedd drwy eithrio naill ai'r chwith neu'r dde eithafol. Ond roedd y naill a'r llall yn cynrychioli elfennau pwerus yng nghymdeithas Weimar ar ddau ben y sbectrwm.

Arweiniodd clymbleidiau at amrywio polisïau, gan niweidio hygrededd y llywodraeth drwy gydol y cyfnod. Amodol, felly, oedd llwyddiant o fewn y system seneddol, oherwydd methiant gwleidyddiaeth glymbleidiol i osod anghenion cenedlaethol uwchlaw buddiannau carfanau.

Rhwng 1930 ac 1932, doedd cangellorion ddim yn gallu sicrhau mwyafrif yn y Reichstag er mwyn pasio deddfau hanfodol. Roedd hyn yn golygu eu bod yn dibynnu ar awdurdod Hindenburg, drwy Erthygl 48, i lywodraethu'r Almaen. Yn wreiddiol, roedd hawl yr arlywydd i lywodraethu drwy ordinhad brys wedi'i gynllunio er mwyn diogelu'r Weriniaeth a gwrthbwyso grym y Reichstag. Ond i bob pwrpas, daeth y duedd hon tuag at Erthygl 48 â rôl gwleidyddiaeth bleidiol draddodiadol i ben, wrth i bleidiau gwleidyddol a gwleidyddion gael eu heithrio rhag unrhyw ddylanwad.

Golygodd cwymp llywodraeth Müller na fyddai modd dychwelyd at y system wleidyddol oedd yn bodoli cyn mis Mawrth 1930.

Gwaethygodd y sefyllfa ymhellach ar ôl cwymp Brüning yn 1932, gan fod von Papen a von Schleicher, oedd yn ffigurau ceidwadol ac awdurdodaidd, yn benderfynol o osgoi dychwelyd at sofraniaeth seneddol. Yn eu barn nhw roedd honno wedi'i dinistrio gan y Dirwasgiad. Eu bwriad oedd sefydlu llywodraeth fyddai'n annibynnol oddi wrth fwyafrifoedd y Reichstag, er mwyn gallu eithrio'r sosialwyr ohoni.

Eu nod, ar yr wyneb, oedd sefydlu llywodraeth amhleidiol gref, fyddai'n gallu sicrhau lles pobl yr Almaen. Byddai'n llywodraethu drwy ddefnyddio ordinhad yr arlywydd dan Erthygl 48 y cyfansoddiad er mwyn rhoi deddfau ar waith. Roedden

Cyngor

Cadwch mewn cof nad yw llywodraethau clymblaid bob tro yn anymarferol. Y cyd-destun gwleidyddol maen nhw'n gweithio ynddo sy'n pennu eu llwyddiant.

nhw'n gweld hyn fel ffordd o sicrhau newid parhaol yn y cyfansoddiad, gan leihau pwerau'r Reichstag a chryfhau pwerau'r arlywydd. Roedd yn golygu troi'r cloc yn ôl at rywbeth tebyg i gyfansoddiad yr Almaen Ymerodrol. Erbyn etholiadau 1932, i lawer o wleidyddion yn y canol ac ar y dde roedd hyn yn dipyn o ryddhad, am eu bod i gyd yn ymwybodol iawn eu bod wedi methu gwneud i lywodraeth seneddol weithio.

Ym mhob un o'r senarios gwleidyddol hyn, roedd y mudiad Natsïaidd bellach mewn sefyllfa i gyflawni rôl bwysig.

Roedd penodi cabinetau arlywyddol rhwng 1930 ac 1932 yn hanfodol wrth brysuro diwedd y Weriniaeth. Roedd y dde'n gweld bod arbrawf Brüning â llywodraeth amhleidiol mewn gwirionedd wedi bygwth buddiannau ceidwadol. Felly, roedden nhw'n gweld potensial yn y Blaid Natsïaidd i gael gwared ar ddylanwad gwleidyddol y chwith o'r Almaen unwaith ac am byth.

Roedd y Weriniaeth wedi bod yn symud i'r dde beth bynnag, a doedd hi ddim yn anodd i'r grwpiau hyn negodi bargen wleidyddol gyda Hitler. Y gwirionedd gwleidyddol oedd eu bod wedi colli'r gefnogaeth dorfol oedd ei hangen er mwyn dychwelyd i'r hen system ar eu telerau eu hunain.

Roedd yn hanfodol i'r dde eu bod yn manteisio ar botensial y Blaid Natsïaidd er mwyn adeiladu cyfundrefn newydd ar y dde, beth bynnag y gost. Felly, heb unman i droi, penderfynon nhw mai cynghrair â'r Natsïaid oedd y canlyniad gorau. Roedd asesiad risg von Papen o berygl gwleidyddol y Natsïaid yn hanfodol yn y strategaeth hon.

Roedd Hitler ei hun yn anfodlon i bobl fanteisio arno fel hyn. Ond roedd yntau'n sylweddoli mai dim ond drwy ddod i gytundeb gyda'r elît y byddai'n cael cyfle i ddefnyddio gallu dinistriol cudd ei fudiad, a chipio grym.

Dyma'r sefyllfa a arweiniodd at y cynllwynio dirgel a helpodd i osod Hitler mewn grym. Ond er ei bod yn ddigon posibl y byddai wedi bod yn anodd achub Weimar, doedd esgyniad Hitler ddim yn anochel. Roedd effaith personoliaethau eraill, felly, yn hollbwysig.

Rôl ac agwedd pobl allweddol

Cyd-destun hanesyddol: cynllwyn hunan-les

Symudodd Gweriniaeth Weimar o gyfnod o gynllwynio pleidiol i gyfnod o gynllwynio gwleidyddol. Roedd clymbleidiau'n goroesi oherwydd nad oedd eu gwrthwynebwyr yn gallu uno i'w dymchwel a rhoi unrhyw ddewis arall ymarferol yn eu lle. Yn aml roedd trafodaethau hir, astrus a chyfrinachol rhwng arweinwyr y pleidiau, gan arwain at gyfaddawdu anghyffordus a bregus.

Yn y pen draw, llwyddodd gwir rymoedd gwleidyddol yr Almaen i barlysu ei gilydd. Roedd hyn yn gyfle i rai ffigurau damweiniol fwynhau rhyddid anghyfrifol a swyddi dylanwadol. Yno buon nhw'n cynllwynio ac yn llunio llwybr newydd i'r Almaen a fyddai'n bodloni eu huchelgais gwleidyddol a'u lles eu hunain.

Gwirio gwybodaeth 16

Esboniwch esgyniad a chwymp y Canghellor Brüning yn 1932.

Hindenburg

Roedd swydd yr arlywydd wedi arwain at ansicrwydd cyfansoddiadol yng Ngweriniaeth Weimar oherwydd nad oedd neb byth yn siŵr ble roedd gwir ffynhonnell awdurdod – yn y Reichstag neu yn yr arlywydd. Mewn rhai amgylchiadau penodol, gallai'r arlywydd ddod yn fath gwahanol o awdurdod i'r llywodraeth.

Dan Ebert, daeth y system ddeuol yn rym a allai sefydlogi pethau. Ond dan Hindenburg, dinistriwyd y Weriniaeth gan gynllwynion gweithredol a goddefol arlywydd yr Ail Reich. I ddechrau, roedd nifer yn credu y byddai Hindenburg yn helpu i gymodi rhwng y gwrthwynebwyr cenedlaethol a'r system weriniaethol. Ef oedd **Arwr Tannenberg**, a gwnaeth y syniad o Weiriniaeth yn barchus i bobl. Roedd y bobl yn llawer rhy barod i ymddiried yn y cyn-gadfridog.

Cyhyd â bod peirianwaith gwleidyddol y Weriniaeth yn gweithio'n iawn, roedd Hindenburg yn chwarae'r gêm yn ôl rheolau'r cyfansoddiad. Wrth gwrs, wnaeth ef ei hun ddim croesawu'r Weriniaeth yn gynnes erioed, gan gynnig ei deyrngarwch iddi'n amodol yn unig.

Mewn gwirionedd, roedd ethol Hindenburg yn 1925 yn fuddugoliaeth i genedlaetholdeb a militariaeth, ac yn ffordd o sarhau'r Weriniaeth. Roedd yn atgyfnerthu'r ffaith bod pobl yr Almaen yn dal i edrych yn ôl tua'r gorffennol awdurdodaidd, yn hytrach nag ymlaen at ddyfodol democrataidd.

Er ei fod wedi ymrwymo'n gyfansoddiadol i gynnal y Weriniaeth, o'r dechrau roedd Hindenburg yn ffafrio dull llywodraethu mwy unbenaethol. Defnyddiodd beirianwaith y cyfansoddiad ymhell y tu hwnt i ysbryd y cyfansoddiad. I bob pwrpas, daeth â llywodraethu democrataidd i ben ymhell cyn iddo wneud y camgymeriad olaf o benodi Hitler yn ganghellor. Roedd yn awdurdodaidd ac yn wrth-ddemocrataidd, ac felly'n ddigon hapus i adael i ddemocratiaeth ddirywio drwy ddefnyddio ei rymoedd argyfwng dan yr ymbarél cyfansoddiadol.

Roedd y ffaith iddo gael ei ethol am ail dymor yn 1932 yn dangos yn glir beth oedd natur negyddol datblygiadau gwleidyddol yn yr Almaen yn y cyfnod hwn. Hon oedd y sosialaeth ddemocrataidd a oedd wedi taflu pob math o bropaganda negyddol at yr hen gadfridog yn ystod etholiad 1925. Nawr dewisodd yr un ddemocratiaeth bleidleisio drosto yn 1932, er gwybod ymhle roedd ei wir gydymdeimlad. Yn 1925, cafwyd cartŵn sosialaidd yn dangos Hindenburg yn pendwmpian yn ei gartref yn Hanover ac yn cael ei ysgwyd a'i guro gan gefnogwyr adain dde. Yr awgrym oedd fod yr hen ŵr blinedig yn cael ei orfodi i ymgeisio am yr arlywyddiaeth unwaith eto. Cyfeiriodd beirniaid eraill at ei 'feddylfryd mwstash' ar gyfer gwneud arian, gydag eraill yn cyfeirio ato fel dim mwy na dirprwy frenin.

Ond yn 1932, roedd y beirniaid yn barod i ganiatáu i Hindenburg oedrannus dyngu llw unwaith eto i'r cyfansoddiad nad oedd, yn ei galon, yn ei gydnabod.

Yn sicr, nid Hindenburg oedd y dyn i amddiffyn Weimar yn ystod yr argyfwng a gododd ar ddechrau'r 1930au. Yn wir, roedd presenoldeb yr hen ŵr awdurdodaidd ei farn yn y palas arlywyddol yn broblem ddifrifol i'r Weriniaeth.

At hynny, yn ystod argyfwng 1932, trodd Hindenburg at ddynion oedd yr un mor wrth-ddemocrataidd eu barn, sef von Papen a von Schleicher. Roedd gan Hindenburg farn ffroenuchel am ei safle ei hun, ac roedd yn barod i wrando ar awgrymiadau gan gyfeillion

Arwr Tannenberg
Yr enw a roddwyd i Hindenburg, yn 66 oed, ar ôl iddo arwain yr Almaen yn llwyddiannus ym Mrwydr bwysig Tannenberg yn erbyn Rwsia, ym mis Awst 1914.

Gwirio gwybodaeth 17

Pam byddai rhai grwpiau wedi gwrthwynebu ethol Hindenburg yn arlywydd yn 1925?

yn y lluoedd arfog a sifiliaid oedd yn credu bod yr amser yn iawn i gael llywodraeth amhleidiol. Bwriadai gyflwyno math llawer mwy awdurdodaidd o lywodraethu, a chafodd hyn ei wneud yn haws oherwydd y gallai ddibynnu ar ffyddlondeb y fyddin.

Er nad oedd Hindenburg yn cynrychioli'r achos brenhinol fel roedd rhai etholwyr yn ei gredu, ni fu erioed yn gefnogwr taer i Weriniaeth Weimar, ac roedd llawer o fewn ei gylch agos yn eithriadol o wrth-weriniaethol. Casglodd cynghorwyr answyddogol o gwmpas yr Hindenburg oedrannus.

Perthynas Hindenburg â'r Natsïaid

Cyd-destun hanesyddol: o'r cyrion i hawlio lle canolog

Mae'n wir fod gwleidyddion yn dod o bob maes, ond gyda chymaint o bethau'n cyfrif yn ei erbyn, roedd yn annhebygol y gallai Hitler ei ddyrchafu ei hun i swydd canghellor o ystyried ei dras werinol.

Ymhellach, mae tuedd wrth ddethol (*selection bias*) mewn gwleidyddiaeth yn egwyddor sy'n gwahaniaethu, gan olygu fel arfer fod pobl o'r un cefndir cymdeithasol yn fwy tebygol o hel at ei gilydd a gweithio er budd ei gilydd.

Defnyddiodd y Natsïaid y term melodramatig 'cipio grym' i ddisgrifio proses oedd mewn gwirionedd heb ei phenderfynu gan Hitler, ond yn hytrach gan broses gymhleth o fargeinio a chynllwynio. Nid oedd gan y Natsïaid ran ganolog yn hyn i gyd. I bob pwrpas, roedden nhw'n aros ar y cyrion gwleidyddol i rywbeth ddigwydd, a doedd dim sicrwydd y bydden nhw'n dod i rym o ganlyniad i hyn i gyd.

O edrych yn oeraidd o'r tu allan, byddai wedi ymddangos yn annhebygol iawn i lwybrau Hindenburg a Hitler gyfarfod erioed. Mae'n wir bod eu hynt yn gysylltiedig am gyfnod drwy'r Rhyfel Byd Cyntaf. Ond roedd hyn o ddau bersbectif cwbl wahanol. Ar y naill law roedd yr Hindenburg hŷn, y cadfridog Rhyfel Byd Cyntaf oedd wedi sicrhau buddugoliaethau gwych ar y Ffrynt Dwyreiniol. Ar y llaw arall, roedd Hitler yn negesydd yn ffosydd y Ffrynt Gorllewinol, nad oedd neb yn ei adnabod. Pan etholwyd Hindenburg yn arlywydd yn 1925 i wasanaethu ei dymor cyntaf o 7 mlynedd yn y swydd, roedd Hitler yn dal i fod yn wleidydd plwyfol, caled ei fyd, oedd heb ddod yn ddinesydd yr Almaen hyd yn oed. Roedd yn Awstriad oedd mewn perygl o gael ei allgludo.

Ond pan ddechreuodd Hindenburg ar y gwaith ac yntau'n 76 oed, roedd yn amlwg na fyddai'n arlywydd am byth. Er gwaethaf tir cyffredin o ran eu gwleidyddiaeth genedlaetholgar a'u barn feirniadol o Weriniaeth Weimar, doedd hyn ddim yn ddigon i dynnu dau berson o ddosbarthiadau cymdeithasol a chefndiroedd mor wahanol at ei gilydd. Eto i gyd, at Hitler y trodd yr arlywydd yn 1933. I Hitler hefyd y tyngodd lluoedd arfog yr Almaen lw diamod o ufudd-dod yn 1934.

Er bod y ddau ddyn mewn sawl ffordd yn rhannu'r un weledigaeth ar gyfer dyfodol yr Almaen, roedd yn annhebygol y byddai hyn wedi gadael argraff gadarnhaol ar Hindenburg. Roedd Hitler yn ymwybodol bod rhaid iddo ennill cefnogaeth Hindenburg a gwleidyddion ceidwadol eraill er mwyn ennill grym. At hynny, roedd yn anfantais iddo mai'r dde geidwadol, gyda'u gweledigaeth adferol o Ymerodraeth Wilhelmaidd, oedd y grym mwyaf gwrth-weriniaethol.

Felly o ganlyniad, roedd Hitler – am beth amser ac yntau'n llawn egni – wedi bod yn rhwydweithio ar lawr gwlad gyda gwleidyddion ceidwadol eraill o'r un anian. Yn sicr, roedd yn ymwybodol bod rhaid iddo wneud yr NSDAP yn ddewis arall posibl i'r dde radical.

Gwirio gwybodaeth 18

Pam penderfynodd y bobl oedd yn gwrthwynebu Hindenburg yn 1925 ei gefnogi yn etholiad arlywyddol 1932? Beth oedd yn newid yn y cyd-destun hanesyddol?

Ond er nad oedd Hindenburg yn hoffi llywodraeth ddemocrataidd na gwendidau gwleidyddiaeth glymblaid, nid oedd yn barod o bell ffordd i drosglwyddo grym i un blaid oedd ag arweinydd mor anoddefgar o safbwyntiau eraill. Yn eironig serch hynny, Hindenburg oedd yn allweddol i esgyniad gwleidyddol Hitler.

Roedd byddin yr Almaen, ar lefel arwynebol o leiaf, yn rhannu nifer o fuddiannau â'r Blaid Natsïaidd. Doedd cadlywyddion y fyddin ddim yn gwrthwynebu amcanion cenedlaetholgar Hitler. Byddai gwireddu'r amcanion hynny'n gorfod digwydd gyda chymorth diwydiant trwm i gynhyrchu arfau.

Ond i Hindenburg a'r fyddin, roedd dwy ffordd bosibl o ddatrys y bygythiad oddi wrth Hitler a Sosialaeth Genedlaethol: eu gwahardd, neu roi rôl yn y llywodraeth iddyn nhw. Roedd y berthynas rhwng Hitler, y Natsïaid a Hindenburg wedi bod yn stormus a dweud y lleiaf. Roedd Hindenburg wedi deall Hitler ers tro ac yn ffieiddio ato, gan dyngu na fyddai byth yn ei benodi'n ganghellor.

Roedd y fyddin a'r arlywydd yn dibynnu ar ei gilydd mewn rhyw ffordd ryfedd. Ar adegau roedd y fyddin yn ufuddhau i Hindenburg, ac roedd yntau'n gwrando ar ei harweinwyr. Roedd **corfflu'r swyddogion** wedi colli cydymdeimlad â'r Natsïaid ers tro. Ond doedd y fyddin, na Hindenburg, ddim yn awyddus i wahardd y Natsïaid oni bai fod gweithred o wrthryfel agored.

Corfflu swyddogion
Strwythur awdurdod byddin yr Almaen.

Ymatebodd y Natsïaid gyda galwadau amhoblogaidd ar i Hindenburg ymddiswyddo. Cadarnhaodd Hitler ei farn ar yr arlywydd drwy sefyll i fod yn arlywydd ym mis Mawrth 1932. Roedd hyn yn newid sylweddol yn y berthynas rhwng Hitler a Hindenburg a'r adain dde draddodiadol.

Yn yr etholiad cyntaf, ar 13 Mawrth 1932, ni chafodd y naill ymgeisydd na'r llall fwyafrif clir. Cynhaliwyd etholiad dilynol lai na mis yn ddiweddarach. Collodd Hitler, ond cafodd 13.4 miliwn o bleidleisiau (gweler Tabl 3).

Tabl 3 Canlyniadau etholiadau arlywyddol yr Almaen, Mawrth ac Ebrill 1932

	13 Mawrth	10 Ebrill
Paul von Hindenburg	18.6 miliwn	19.3 miliwn
Adolf Hitler	11.3 miliwn	13.4 miliwn
Ernst Thälmann	4.9 miliwn	3.7 miliwn
Eraill	2.7 miliwn	0.005 miliwn

Pan etholwyd Hindenburg yn arlywydd yn yr ail bleidlais, rhoddodd hyn hyder i'r llywodraeth weithredu'n gryf yn erbyn trais gwleidyddol yr SA a'r SS drwy wahardd y ddau gorff.

Yna, daeth Hitler yn agos iawn at gipio grym yn dilyn etholiad Tachwedd 1932. Cafodd gynnig deniadol iawn i ddod yn is-ganghellor. Ond daliodd ei dir, er gwaethaf hyn a phwysau o'r tu mewn i'r Blaid Natsïaidd i achub ar unrhyw gyfle am gydnabyddiaeth wleidyddol.

Doedd yr Arlywydd Hindenburg ddim yn hapus ag anfodlonrwydd Hitler i gefnogi'r llywodraeth. Gwelai Hitler fel unigolyn oedd yn ei roi ei hun yn gyntaf, yn hytrach na gwleidydd oedd â'i fryd ar gyflawni'r gorau i'w wlad. Ar ôl gofyn i Hitler a oedd yn bwriadu cefnogi'r llywodraeth a chael 'na' yn ateb, aeth Hindenburg yn ei flaen i roi darlith iddo ar ddyletswydd. Anfonodd adroddiad manwl o'r cyfweliad i'r wasg. Roedd Hitler yn gandryll.

Roedd agwedd Hitler o fod eisiau'r cyfan neu ddim byd, yn ogystal â thrais yr SA, yn golygu nad oedd Hindenburg yn fodlon cynnig swydd y canghellor i Hitler. Doedd ganddo ddim awydd disodli von Papen, yr aristocrat, a gosod yr Hitler anwaraidd yn ei le. Mewn rhai ffyrdd, roedd hyn yn fanteisiol i Hitler. Roedd amharodrwydd Hindenburg i dderbyn y Natsïaid i'r cabinet yn golygu bod Hitler, ar don poblogrwydd ei fudiad, yn gallu codi pris cydweithio.

Nid rhesymau egalitaraidd oedd yn cymell Hindenburg, a doedd ganddo ddim diddordeb mewn sefydlu rhyddid sylfaenol i bobl. Nid oedd yn fodlon i Hitler y rebel ei ddefnyddio yntau fel cyfrwng i sicrhau cefnogaeth boblogaidd i'w achos.

Cafodd nifer o ffactorau ddylanwad ar Hindenburg yn y pen draw wrth benodi Hitler yn ganghellor yn 1933. Cyfrannodd ei oed, ei heneidd-dra, a gwir ofn rhyfel cartref wedi'i sbarduno gan y Natsïaid at ei benderfyniad. At hynny, cafodd ei berswadio yn y diwedd bod strwythur y llywodraeth yn addo sicrhau mwyafrif seneddol. Byddai hynny'n golygu y gallai yntau ildio baich llywodraethu, ac roedd yn awyddus i hynny ddigwydd. Roedd hefyd wedi'i argyhoeddi y byddai gwleidyddion ceidwadol yn gallu rheoli Hitler yn y Cabinet.

Ond doedd Hitler ddim yn fodlon goddef cyfyngiadau o'r fath ar ei awdurdod. Felly roedd hi bob amser yn debygol y byddai yntau'n ceisio gwrthdroi'r cyfaddawd ar y cyfle cyntaf posibl ar ôl cael ei orfodi i'w dderbyn. Roedd yn gwrthod dod yn was i'r elît gwleidyddol, ac ar un adeg byddai'n ceisio cael mandad ffurfiol i wyrdroi'r hyn oedd wedi'i orfodi arno.

Drwy gydol y cyfnod hwn, roedd Hitler a Hindenburg wedi bod yn sarhau ei gilydd yn breifat. Gwawdiodd Joseph Goebbels heneidd-dra Hindenburg drwy ofyn a oedd yn dal i fod yn fyw. Yn gyhoeddus o leiaf, roedden nhw'n dangos parch at ei gilydd. Wedi'r cyfan, roedd Hitler wedi dod yn ganghellor ar wahoddiad dilys yr Arlywydd Hindenburg – rhoddwyd grym i'r 'corporal Bohemaidd' gan 'yr hen darw gwan ei feddwl'. Roedd y dulliau a ddefnyddiwyd o hynny ymlaen gan y canghellor Natsïaidd yn dibynnu'n helaeth ar ddefnyddio Erthygl 48. Roedd hyn yn golygu bod Hitler yn pasio deddfau gyda'r hyn oedd, i bob pwrpas, yn gymeradwyaeth arlywyddol.

Yn Potsdam ym mis Mawrth 1933, byddai'r arlywydd a'r canghellor yn ysgwyd llaw uwchlaw bedd Frederick Fawr, cyn-frenin Prwsia. Roedd cerdyn post poblogaidd o ddechrau'r 1930au yn dangos Frederick Fawr, Otto von Bismarck, Hindenburg a Hitler. Dyma'r arysgrif:

> Y Brenin a goncrodd, y Tywysog a ffurfiodd, y Maeslywydd a ddiogelodd, a'r Milwr a achubodd ac unodd.

Yn y modd hwn, roedd Hitler y milwr yn cael ei ddangos yn cynrychioli parhad hanes yr Almaen. Wedi'r cyfan, nid oedd yn ddim mwy nag Almaenwr nodedig arall ac olynydd naturiol Hindenburg.

Ysgrifennodd Hindenburg ei destament gwleidyddol ar 11 Mai 1934, yn fuan cyn iddo farw. Yn y ddogfen, roedd yn datgan mai'r fyddin ddylai fod yn warchodwr y wladwriaeth bob amser. Ysgrifennodd hefyd fod ei ganghellor, Hitler, a'i fudiad wedi arwain pobl yr Almaen at undod mewnol, oedd yn gam penodol o bwys hanesyddol. Ond ychydig iawn o resymeg oedd tu cefn i benderfyniad Hindenburg i benodi Hitler yn ganghellor, a go brin ei fod wedi sylweddoli pwysigrwydd hanesyddol y penderfyniad hwnnw.

Cyngor

Mae'n bwysig cofio bod Hitler wedi gorchymyn cyhoeddi testament gwleidyddol yr Arlywydd Hindenburg, gan arwain llawer ar y pryd i gwestiynu ei ddilysrwydd.

von Schleicher

Methwyd â chytuno ar fesurau cyffredin i ddelio â phroblemau economaidd, a chyfrannodd hynny at ddwysáu tensiynau gwleidyddol yng Ngweriniaeth Weimar. Llwyddodd lleisiau dylanwadol – fel llais gwleidyddol y fyddin, y Cadfridog Kurt von Schleicher – i ddenu cefnogaeth drwy deimladau gwrth-ddemocrataidd eang a hirsefydlog. Dechreuon nhw alw am ddiwygio'r system wleidyddol i gyfeiriad mwy awdurdodaidd, gyda'r arlywydd yn ganolog.

Erbyn 1930, roedd von Schleicher ac eraill yn ofni y byddai gwendid y Reichstag yn annog eithafwyr ar y dde a'r chwith i geisio cipio grym. Yr hyn oedd ei angen ar yr Almaen, felly, oedd cyfnod o lywodraeth gref amhleidiol, oedd yn tynnu ar bwerau brys yr arlywydd, ac yn dibynnu ar y fyddin i gadw trefn a chynnal undod y Reich.

Trefnodd von Schleicher i Brüning gael ei symud o'i swydd gan von Papen er mwyn sicrhau llywodraeth fwy adain dde. Gyda chwymp Brüning, diflannodd olion olaf dilysrwydd seneddol. Bargeiniodd von Schleicher â'r pleidiau gwleidyddol eraill, ac ar yr un pryd ceisiodd greu rhaniad o fewn rhengoedd y Natsïaid.

Strasser

Roedd Gregor Strasser yn ffafrio elfennau adain chwith athrawiaeth Sosialaeth Genedlaethol, a gwrthwynebai gysylltiadau Hitler â busnesau mawr. Yn ystod ei gyfnod byr yn ganghellor, ac yn ei ymdrech i greu llywodraeth â sail ehangach, negododd von Schleicher â Strasser ac adain sosialaidd yr NSDAP er mwyn ceisio'u cael i adael y Blaid Natsïaidd. Roedd yn credu y byddai hyn yn sicrhau mwyafrif seneddol adain dde yn y Reichstag. Ond methiant oedd y cynllun.

von Papen

Roedd Franz von Papen yn dod o linach aristocrataidd, ac ni wnaeth unrhyw ymdrech i guddio ei awydd i greu 'gwladwriaeth newydd' gyda strwythur cenedlatholgar, awdurdodaidd a gwrth-seneddol. Roedd yn awyddus i'r elît ceidwadol reoli'r gyfundrefn. Roedd von Papen yn mwynhau ymddiriedaeth a chefnogaeth cylch Hindenburg, ac yn ei ystyried ei hun yn gynrychiolydd traddodiad gwleidyddol hŷn yr Almaen. I raddau helaeth, von Papen oedd yr un a anogodd Hindenburg i ystyried Hitler yn is-ganghellor, er mwyn i'r Cabinet allu ei reoli.

Cynllwynio gwleidyddol yn arwain at benodi Hitler yn ganghellor

Cyd-destun hanesyddol

Brwydr barhaus am rym yw gwleidyddiaeth. Mae pleidiau gwleidyddol ac unigolion yn awyddus i fod ar y blaen wrth awdurdodi gwerthoedd cymdeithas. Mae'r rhai sydd mewn grym yn dymuno dal eu gafael ynddo drwy bob modd posibl. Ond mae'r rhai sydd heb rym eto yn aml yn barod i ymwneud â **chynllwynio gwleidyddol** er mwyn ymarfer eu hewyllys gwleidyddol eu hunain.

Gall cynllwynio gwleidyddol ddigwydd pan fydd gwactod grym wrth galon llywodraeth, fel arfer yn sgil argyfwng cyfansoddiadol. Yn aml, mae'r cynllwynio yn digwydd y tu ôl i ddrysau caeedig. Dyw'r prif chwaraewyr ddim bob amser yn sicr beth fydd y canlyniadau gan fod y broses fargeinio fel arfer yn gymhleth ac yn ansicr.

Cynllwynio gwleidyddol
Cynlluniau twyllodrus i ennill grym gwleidyddol.

Yn aml, caiff y rhai sy'n cynllwynio'n wleidyddol eu llyncu gan eu cynllwyniau eu hunain. Bydd rhai'n colli wrth chwarae'r gêm, gan nad gêm i'r gwangalon yw gwleidyddiaeth, yn sicr!

Cynllwynio a gwrth-gynllwynio

Rhwng Mehefin a Rhagfyr 1932, bu cylch o wleidyddion uchelgeisiol yn chwarae gêm gymhleth o gynllwynio a gwleidydda. Yn benodol, roedd Kurt von Schleicher yn feistr ar gynllwynio a chwarae'r ffon ddwybig. Ar adegau ei nod oedd bod yr un i 'osod y brenin ar ei orsedd'.

Ond doedd von Papen na'i olynydd von Schleicher ddim wedi gallu ffurfio mwyafrif sefydlog yn y Reichstag. Cynigiodd von Schleicher unbennaeth filwrol fentrus, ac roedd von Papen yn addo creu llywodraeth ag iddi sail eang, er gwaethaf y ffaith mai Hitler oedd y canghellor. Penderfynodd Hindenburg daflu ei het i'r cylch gyda von Papen.

Bu von Papen yn negodi â Hitler y tu ôl i gefn von Schleicher, ac yn y pen draw perswadiodd yr Arlywydd Hindenburg i roi'r gangelloriaeth i Hitler mewn llywodraeth Sosialaidd Genedlaethol-genedlaetholgar, er gwaethaf amheuon cryf. Dim ond yng nghyd-destun chwalu llywodraeth seneddol y gallai cynllun o'r fath weithredu, a'r cynnydd yng ngrym yr arlywydd a'r cylch o'i gwmpas yn sgil hynny.

Fel cynrychiolydd o elît ceidwadol yr Almaen, roedd von Papen yn credu y byddai modd defnyddio'r Blaid Natsïaidd i sicrhau cefnogaeth boblogaidd dorfol ar gyfer creu gwladwriaeth awdurdodaidd, gyda'r ceidwadwyr yn brif rym. Bydden nhw'n clymu eu ffawd at y Natsïaid, a chredai y byddai hyn yn rhoi'r hen statws amlwg yn ôl i ddosbarthiadau breintiedig yr Almaen, fel roedden nhw cyn Weimar.

Ond mewn gwirionedd, pensaer anobeithiol ei ffawd ei hun oedd von Papen. Yn y byd gwleidyddol, nid oes y fath beth â ffyddlondeb di-ffael. Mae hyn yn aml yn gamsyniad anffodus gan y rhai sy'n ceisio ennill mantais wleidyddol, dim ots beth yw'r gost.

Roedd y dde geidwadol yn bwriadu defnyddio Hitler i gyflawni ei dibenion ei hun. Ond yn y pen draw, y gwrthwyneb a ddigwyddodd. Dim ond yn y tymor byr roedd Hitler yn fodlon ymddangos fel pyped ceidwadol. Yn y tymor hir, roedd yn benderfynol o beidio â chael ei wthio i'r ymylon. Gyda phenodi Hitler yn ganghellor, roedd y ceidwadwyr wedi sicrhau'r wladwriaeth awdurdodaidd roedden nhw'n ei dymuno. Ond doedden nhw ddim yn disgwyl gorfod talu amdani mewn gwaed.

Cyngor

Yn benodol, treuliodd gwleidyddion yr Almaen 3 wythnos olaf mis Tachwedd 1932 mewn cyfres o gyfarfodydd cyfrinachol. Ond mae'n anodd gwerthuso pwysigrwydd y cyfarfodydd hyn gan fod gan y cyfranwyr i gyd atgofion mor wahanol o'r hyn a benderfynwyd ynddyn nhw.

Crynodeb

Pan fyddwch chi wedi cwblhau'r adran hon ar gyfnod 1929–1933, dylai fod gennych chi wybodaeth drylwyr am Argyfwng Gweriniaeth Weimar 1929–1933, gan gynnwys y canlynol:

- Roedd gwactod grym wrth galon llywodraeth yr Almaen yn y cyfnod rhwng 1929 ac 1932.
- Bu pobl allweddol fel von Papen yn cynllwynio'n wleidyddol, gan baratoi'r dirwedd wleidyddol ar gyfer esgyniad Hitler i rym.

- Llwyddodd y Dirwasgiad i sbarduno twf eithafiaeth wleidyddol yn yr Almaen yn y cyfnod rhwng 1929 ac 1933.
- Chwaraeodd personoliaethau oedd wrth galon y llywodraeth, fel y Canghellor Brüning, ran allweddol yn esgyniad Hitler i rym.
- Llwyddodd Hitler i gynnal cydbwysedd gwleidyddol anodd rhwng 1930 ac 1933, gan ei arwain at ei nod terfynol, sef dod yn ganghellor.
- Cafwyd proses hir a chymhleth a arweiniodd at y Natsïaid yn 'cipio' grym.

■ Dehongliadau hanesyddol o faterion allweddol o'r cyfnod hwn

Yr allwedd i ddadansoddi a gwerthuso dehongliadau hanesyddol yw deall bod pob barn hanesyddol yn amodol. Mae haneswyr unigol yn ffurfio eu barn hanesyddol drwy bwyso a mesur y cydrannau sy'n ffurfio ein dealltwriaeth o'r gorffennol. Bydd eu gwerthusiad yn dibynnu ar eu safbwyntiau a'u diddordebau unigol, yn ogystal â barn gyfunol ysgolion a chenedlaethau o haneswyr. Caiff ansawdd gwerthuso ei bennu hefyd gan brofiad a safon barn yr hanesydd unigol.

Fel hanesydd ifanc, bydd gofyn i chi drafod sut a pham mae haneswyr profiadol wedi ffurfio gwahanol ddehongliadau hanesyddol. Bydd disgwyl i chi allu dadansoddi a gwerthuso detholiadau gan wahanol haneswyr amrywiol, a defnyddio hyn i gefnogi dadleuon mewn perthynas ag ymholiadau penodol am y gorffennol.

Mae hefyd yn hanfodol eich bod yn gallu dangos dealltwriaeth o'r drafodaeth hanesyddol ehangach o amgylch rhai ymholiadau penodol. Er mwyn gallu gwneud hyn yn effeithiol, bydd angen i chi fod â dealltwriaeth gadarn o'r wybodaeth hanesyddol am y cyfnod gaiff ei astudio. Y cyd-destun hanesyddol penodol hwn yw'r hyn sy'n helpu i siapio dehongliadau hanesyddol.

Mae'n bwysig eich bod yn dechrau gwerthfawrogi y gallai amrediad o ffactorau esbonio pam a sut y caiff dehongliadau hanesyddol eu ffurfio. Gallai'r ffactorau hyn gynnwys y canlynol:

- pa dystiolaeth sydd ar gael
- dewis a dethol cyd-destun hanesyddol
- y ffactorau gwleidyddol, cymdeithasol ac economaidd a allai ddylanwadu ar ysgol neu feddylfryd hanesyddol
- dylanwad haneswyr eraill.

Mae astudio pwnc yn fanwl yn datgelu materion allweddol sy'n gallu cael eu dehongli mewn ffyrdd gwahanol, ac sydd wedi cael eu dehongli felly yn barod. Os oes gennych ddealltwriaeth glir o'r ffordd mae haneswyr wedi dehongli'r materion hyn, bydd yn gadael i chi osod y detholiadau o fewn y drafodaeth hanesyddol ehangach mewn ffordd effeithiol. Ar ôl astudio prif ddigwyddiadau'r cyfnod a'r amrediad o dystiolaeth sydd ar gael yn gysylltiedig â nhw, dylech chi allu ystyried dilysrwydd gwahanol ddehongliadau o'r cyfnod perthnasol mewn hanes.

Y nod felly i'r hanesydd ifanc yw gallu dangos ymwybyddiaeth o'r drafodaeth ehangach gan ddefnyddio dealltwriaeth o'r cyd-destun hanesyddol. Dylech chi gofio ei bod yn bosibl herio dehongliadau o'r gorffennol, a'u bod yn gallu newid ar unrhyw adeg.

Er mwyn sicrhau ymwybyddiaeth o'r cyd-destun, rhaid i chi allu cysylltu beth rydych chi'n ei weld mewn unrhyw ddetholiad hanesyddol â'r drafodaeth ehangach, a'i gysylltu â chyd-destun dyddiad penodol yr union ymholiad hwnnw. Wedi'r cyfan, gwybodaeth am ddyddiadau penodol sy'n arwain at ffurfio dehongliadau o'r gorffennol. Y gwahanol ddadansoddiadau o wybodaeth am ddyddiadau penodol sy'n arwain at safbwyntiau gwahanol am y gorffennol.

Yn y bôn, dylech chi allu dangos ymwybyddiaeth o'r hyn sy'n dylanwadu ar haneswyr wrth iddyn nhw weithio. Ond dylech chi fod yn ymwybodol hefyd y gall hanesydd, gyda mantais ôl-ddoethineb (*hindsight*), ffurfio esboniadau digon dilys o ddatblygiadau hanesyddol. Nid yw hyn yn golygu, fodd bynnag, fod eu hesboniadau'n dderbyniol i'r rhai a brofodd ddatblygiadau neu a oedd yn dystion iddyn nhw – nac o reidrwydd yn dderbyniol i haneswyr eraill. Wedi dweud hynny, does dim amheuaeth fod gwaith pobl eraill yn dylanwadu ar rai haneswyr.

Wrth geisio gwerthuso pam mae hanesydd wedi dehongli'r gorffennol mewn ffordd benodol, dylech chi osgoi ceisio dyfalu neu dybio pethau ar sail ei addysg, cenedligrwydd a'i enw ar bob cyfrif. Mae dyfalu'n help i ddatblygu ffordd fywiog ac ymholgar o feddwl. Ond nid yw'n eich helpu'n uniongyrchol i sicrhau cywirdeb academaidd wrth ganfod gwirioneddau hanesyddol am ddigwyddiadau, datblygiadau neu gyfnodau penodol o'r gorffennol.

Wrth werthuso dilysrwydd barn hanesyddol, gallech ystyried y camau rhesymegol canlynol sydd i'w gweld yn Ffigur 1. Bydd y rhain yn cynnig trosolwg hanesyddol i chi o'r dehongliad hanesyddol perthnasol. Nid yw'r camau hyn mewn unrhyw drefn benodol, ond dylen nhw eich helpu i benderfynu pam mae barn benodol gan hanesydd am ddigwyddiad neu gyfnod yn y gorffennol.

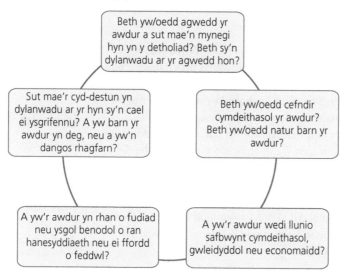

Ffigur 1 Sut i ddatblygu trosolwg hanesyddol

Ansefydlogrwydd gwleidyddol ac economaidd cyfnod cynnar Weimar, 1918–1923

Cyd-destun hanesyddol: digwyddiad allanol neu wendid mewnol?

Mae haneswyr yn cytuno'n fras fod y cyfnod rhwng 1918 ac 1923 yn gyfnod hynod o ansefydlog ac yn argyfwng i Weriniaeth Weimar. Ond amrywio mae eu barn am brif achos(ion) yr ansefydlogrwydd hwn.

Materion allanol

Cytundeb Versailles

Mae rhai haneswyr yn dadlau bod yr argyfwng wedi'i achosi i raddau helaeth gan ddigwyddiad allanol, sef ardrefniant Versailles a'i delerau llym. Mae haneswyr sy'n derbyn y dehongliad hwn yn credu bod problemau Weimar wedi codi o ganlyniad i amgylchiadau hanesyddol. Maen nhw'n ffafrio'r syniad o 'hanes achosol'. Iddyn nhw, roedd Cytundeb Versailles yn rhwystr difrifol wrth geisio sicrhau sefydlogrwydd yn y cyfnod rhwng 1919 ac 1923. Taflodd gysgod hir dros y Weriniaeth, gan greu problemau drwy'r holl gyfnod. Yn ôl dehongliad yr haneswyr hyn, Versailles oedd gwir achos problemau'r Almaen, oherwydd arweiniodd at ladd ysbryd y genedl yn ogystal ag arwain at gosbau economaidd annheg.

Ond efallai hefyd nad yw'n gredadwy i honni bod Cytundeb Versailles yn or-feichus. Nid yw'n bosibl beio problemau economaidd Weimar yn llwyr ar daliadau iawndal llym yn unig. At hynny, dim ond pwysleisio anfodlonrwydd gwleidyddol oedd eisoes yn bodoli wnaeth Versailles. Nid y Cytundeb greodd y teimladau hyn. Yn wir, cafwyd adferiad yn niwydiant yr Almaen yn y cyfnod yn syth ar ôl y rhyfel.

Ansefydlogrwydd gwleidyddol a theimladau gwrth-ddemocrataidd

Mae haneswyr eraill yn herio'r dehongliad hwn, sef bod problemau Weimar rhwng 1918 ac 1923 wedi codi oherwydd digwyddiad achosol allanol. Maen nhw'n dadlau bod ansefydlogrwydd y cyfnod wedi codi o ganlyniad i wendid gwleidyddol mewnol. Mae eu safbwynt nhw felly'n honni mai newid gwleidyddol a achosodd y problemau mwyaf i'r Weriniaeth yn y cyfnod hwn. Mewn geiriau eraill, esblygodd yr argyfwng allan o system wleidyddol amherffaith oedd â diffygion strwythurol. Yn wir, doedd hi ddim yn system dderbyniol i'r rhan fwyaf o bobl yr Almaen, o ran emosiwn na chyfreithlondeb. Eisoes roedd islais o deimlad gwrth-ddemocrataidd yn yr Almaen, gan olygu bod y system wleidyddol ddemocrataidd newydd yn debygol o gloffi o'r cychwyn cyntaf. Doedd Almaenwyr ddim wedi cofleidio nac wedi derbyn newid gwleidyddol. Effaith hyn, dros amser, oedd methiant llywodraeth glymbleidiol. Yn ei dro, arweiniodd hyn at argyfwng gwleidyddol parhaus yng Ngweriniaeth Weimar. Felly, roedd problemau Weimar yn bodoli eisoes o dan yr wyneb, ac yn mudferwi yn y system wleidyddol.

Materion mewnol

Economi oedd yn methu

Fel hanesydd dylech chi hefyd ystyried dehongliadau eraill posibl i esbonio ansefydlogrwydd Gweriniaeth Weimar yn y cyfnod hwn. Os nad oedd Cytundeb Versailles na diffygion yn y system wleidyddol ar fai, beth arall allai fod yn gyfrifol?

Gellid dadlau bod materion economaidd mewnol yn ddraenen fawr yn ystlys Gweriniaeth Weimar.

Mae haneswyr yn dadlau bod Gweriniaeth Weimar, o'r dechrau, wedi gorfod cario baich gwaddol economaidd diffygiol y gyfundrefn imperialaidd. Roedd yr Almaen yn wynebu diffyg masnachol, anawsterau difrifol wrth addasu i economi cyfnod o heddwch, a thaliadau iawndal sylweddol. Disgynnodd y genedl i gylch o chwyddiant, ac erbyn 1923 roedd hyn wedi troi'n orchwyddiant.

Cyngor

Dylech chi allu dadlau a yw'n ymarferol neu beidio i feio'r system wleidyddol gyfnewidiol yn yr Almaen am yr holl broblemau a ddatblygodd.

Bygythiad y chwith a'r dde eithafol

Mae'r haneswyr sy'n edrych am resymau mewnol am yr argyfwng yn aml yn tynnu sylw at gyfraniad sylweddol y dirwedd wleidyddol. Roedd bygythiad y dde eithafol, a bygythiad y chwith eithafol a gafodd ei orliwio gan wrthwynebwyr, ill dau wedi chwarae rhan wrth danseilio sefydlogrwydd y gyfundrefn newydd. Aeth y DNVP a'r KPD ati i feirniadu gwleidyddion Weimar a'r system wleidyddol drwy gydol y cyfnod hwn. Arweiniodd hynny at wrthryfeloedd a llofruddiaethau. Felly ar adeg pan oedd y system ar ei mwyaf bregus, roedd Almaenwyr dylanwadol gwrth-ddemocrataidd yn benderfynol o chwalu'r system, yn hytrach na dod at ei gilydd i'w chefnogi.

Datblygiadau domestig a pholisi tramor yn y cyfnod 1924–29

Cyd-destun hanesyddol: sefydlogrwydd gwirioneddol neu arwynebol?

Ceir gwahaniaeth barn ymhlith haneswyr wrth ofyn a oedd sefydlogrwydd yr Almaen yn y cyfnod rhwng 1924 ac 1929 yn sefydlogrwydd gwirioneddol, neu'n arwynebol.

Yr achos o blaid sefydlogrwydd gwirioneddol

Mae llawer o haneswyr yn dadlau bod Gweriniaeth Weimar rhwng 1924 ac 1929 ar y cyfan wedi llwyddo i ddelio â phroblemau domestig yr Almaen. Caiff y blynyddoedd hyn yn benodol eu gweld fel cyfnod o sefydlogrwydd economaidd a gwleidyddol, yr hyn sydd wedi cael ei alw yn 'Oes Aur' Weimar. Cafodd cyfnod y putsch a'r trais gwleidyddol ei daflu i fin sbwriel hanes yr Almaen. Canlyniadau etholiadau mis Mai 1928 oedd y gwaethaf ers degawd i bleidiau gwleidyddol eithafol. Cafodd Gweriniaeth Weimar ei gosod ar sail ariannol fwy sicr o lawer yn dilyn cyflwyno'r Rentenmark. Yn ystod y cyfnod hwn, sefydlwyd mentrau diwydiannol enfawr fel IG Farben.

Roedd y dangosyddion hyn yn adlewyrchu math newydd o weithgarwch diwydiannol yn yr Almaen. Yn ei dro roedd hyn yn bodloni'r diwydianwyr, oedd wedi bod yn rhan ganolog o'r gwrthwynebiad cenedlaetholgar i'r Weriniaeth. Yn wir, er gwaethaf gwrthwynebiad gan yr adain dde, cafodd Cynllun Young ei gymeradwyo. Yn 1925 ac 1927, ymunodd y DNVP â chlymblaid y llywodraeth.

Mae'r digwyddiadau hyn yn cefnogi'r farn fod Gweriniaeth Weimar rhwng 1924 ac 1929 ar y cyfan wedi llwyddo i ddelio â phroblemau'r Almaen a chreu sefydlogrwydd.

Cyngor

Byddwch yn barod i herio'r syniad bod gwell sefydlogrwydd domestig yn y cyfnod 1924–1929.

Yr achos o blaid sefydlogrwydd arwynebol

Ond er bod haneswyr ar y cyfan yn cytuno bod mwy o sefydlogrwydd domestig yn ystod 1924–1929 o'i gymharu ag 1919–1923, maen nhw'n anghytuno wrth ofyn a oedd y sefydlogrwydd hwn yn gynaliadwy. Mae rhai'n dadlau'r achos bod yr 'Oes Aur' honedig hon yn ddim mwy na rhith. Haen arwynebol yn unig oedd ffyniant economaidd a sefydlogrwydd gwleidyddol – o grafu'r wyneb, roedd yn hawdd amlygu problemau Gweriniaeth Weimar.

Mae rhai haneswyr yn dadlau na ddeliwyd â diffygion gwleidyddol strwythurol yr Almaen. Symudodd y DNVP, dan Hugenberg, yn ôl o'i safbwynt cymodlon tuag at elyniaeth agored. Roedd ethol Hindenburg hefyd yn arwydd o gyfeiriad gwleidyddol y Weriniaeth.

Yn ogystal, roedd sefydlogrwydd ariannol a gwleidyddol y cyfnod yn bennaf oherwydd llif **cyfalaf tramor** i mewn i'r Almaen. Heb yr arian hwn, byddai economi'r Almaen wedi'i llesteirio gan dwf araf, a chynnydd grym yr undebau llafur.

Er enghraifft, rhwng 1913 ac 1929, dim ond 4% oedd twf economi'r Almaen. Yn 1926, lefel diweithdra oedd 2.025 miliwn, sef 10% o'r boblogaeth. Ni ddaeth y lefel o dan 1.3 miliwn o gwbl rhwng 1927 ac 1928, sef cyfartaledd o 6.25% o'r boblogaeth. Ychydig cyn Cwymp Wall Street ym mis Hydref 1929, roedd lefel diweithdra yn yr Almaen wedi cyrraedd 1.9m. Yn 1924, cafwyd 1,973 achos o gloi allan a streicio. Yn 1927, cafwyd 844 achos o gloi allan a streicio. Go brin bod y rhain yn arwyddion o economi ffyniannus.

Yn olaf, dylech fod yn ymwybodol o ddehongliad posibl arall, sy'n dadlau bod unrhyw rai o lwyddiannau domestig Gweriniaeth Weimar yn y cyfnod yn bennaf o ganlyniad i sefyllfa ryngwladol ffafriol.

Gwnaeth adferiad ymddangosiadol yr Almaen argraff dda ar y Cynghreiriaid. Roedd y wlad wedi helpu i negodi Cytundeb Locarno, a chafodd ei derbyn i Gynghrair y Cenhedloedd. Heb y gydnabyddiaeth ryngwladol hon, mae'n annhebygol y byddai'r Almaen wedi llwyddo i gael gostyngiad yn y taliadau iawndal, gan helpu i sicrhau gwell sefydlogrwydd domestig. Yn y modd hwn, roedd y Cynghreiriaid yn barod i fuddsoddi yn adferiad yr Almaen. Gosododd hyn yr amodau angenrheidiol ar gyfer sefydlogrwydd domestig.

Cyd-destun hanesyddol: parhad neu newid, llwyddiant neu fethiant polisi tramor?

Mae amrywiaeth o ddehongliadau hanesyddol gwahanol hefyd wedi ymddangos ynghylch polisi tramor yr Almaen yn ystod y cyfnod hwn.

Yr achos o blaid parhad

Mae rhai haneswyr yn dadlau bod Stresemann wedi dilyn nodau a ffiniau traddodiadol polisi tramor yr Almaen o gyfnod Wilhelm – sef gorchfygu a meistroli Ewrop, a cheisio sefydlu ymerodraeth. Yn hyn o beth roedd yn cynrychioli parhad.

Ym mis Ionawr 1925, diffiniodd Stresemann ei nodau polisi tramor mwy uniongyrchol mewn llythyr i'r cyn-dywysog, oedd yn cynnwys:

- datrys cwestiwn taliadau iawndal fel sail ar gyfer adfer cryfder economaidd yr Almaen
- adfer ffin 1914 yn y dwyrain
- ymgorffori'r holl diriogaethau Almaeneg eu hiaith yng nghanolbarth Ewrop.

O ganlyniad, mae llawer o haneswyr yn ystyried Stresemann yn 'adolygiadwr'. Mewn geiriau eraill, ei nod oedd diwygio telerau Cytundeb Versailles i gyd-fynd â buddiannau'r Almaen. O wneud hyn, gallai'r genedl unwaith eto adfer ei safle priodol fel un o'r pwerau mawrion, a dilyn nodau polisi tramor traddodiadol.

Yr achos o blaid newid

Mae haneswyr eraill yn dadlau bod polisi tramor Stresemann wedi mynd i gyfeiriad newydd, ac felly nad oedd yn barhad o'r gorffennol.

Dadleuodd rhai nad oedd Ffrainc na Phrydain yn ganolog i strategaeth polisi tramor Stresemann, ac mai ei brif nod oedd sicrhau cefnogaeth yr Unol Daleithiau. Wedi'r cyfan, roedd yr Unol Daleithiau wedi datblygu'n rym economaidd llwyddiannus yn dilyn diwedd y Rhyfel Byd Cyntaf. Roedd yn ymddangos yn fwy rhesymegol, felly, i sicrhau cefnogaeth yr Americanwyr, er mwyn iddyn nhw helpu i ariannu adferiad economi'r Almaen.

Roedd gan Brydain ran i'w chwarae, ond dim ond fel cyfryngwr rhwng yr Americanwyr a'r Ffrancwyr. At hynny, byddai Stresemann hefyd yn manteisio ar gytundeb Rapallo, a'i ddefnyddio fel arf i fargeinio wrth ddelio â'r Gorllewin.

Yr achos o blaid llwyddiant

Mae llawer o haneswyr yn ystyried y bu Stresemann yn rym cadarnhaol yn yr Almaen yn ystod ei gyfnod yn weinidog tramor. Roedd yn negodwr grymus, oedd yn gwneud ei orau i ymladd dros fuddiannau'r Almaen a chyflawni'r nod tymor hir o atal cynghrair rhwng Prydain a Ffrainc.

Yn ystod y cyfnod hwn, roedd Weimar yng nghanol gweithgarwch polisi tramor mawr. Goruchwyliodd Stresemann nifer o lwyddiannau, oedd yn cynnwys y canlynol:

- ffurfioli a rhesymoli trafodaethau ar bolisi tramor gyda chyn-elynion yr Almaen
- sicrhau bod yr Almaen yn cael ei derbyn i Gynghrair y Cenhedloedd
- trawsnewid safle'r Almaen ar lwyfan y byd, ac adfer statws y genedl fel un o'r pwerau mawrion
- symudiadau medrus a helpodd i arwain at dynnu milwyr Ffrainc a Gwlad Belg o'r Ruhr
- negodi Cytundeb Locarno, gan atal y posibilrwydd y gallai Ffrainc oresgyn canolfan ddiwydiannol yr Almaen unwaith eto
- sicrhau diddymu'r **Comisiwn Rheolaeth Filwrol Rhwng y Cynghreiriaid.**

Mae'n ymddangos felly mai pragmatydd oedd Stresemann. Roedd yn hyrwyddo achos yr Almaen yn Ewrop, er bod yr Almaen mewn sefyllfa ddiplomataidd wan, ac roedd hynny i bob pwrpas yn cyfyngu ar ei opsiynau. Yn wir, gwendid yr Almaen oedd yn gorfodi Stresemann i ildio consesiynau, gan fynd yn groes i'w farn genedlatholgar gref.

Roedd Stresemann yn ystyried bod cymodi dramor yn llwyfan angenrheidiol er mwyn adeiladu economi gynaliadwy gartref – ac i'r gwrthwyneb, er mwyn datblygu polisi tramor llwyddiannus yn rhyngwladol. Yn ystod ei gyfnod yn weinidog tramor, roedd yr Almaen wedi adennill dylanwad diplomataidd a'r gallu i ddylanwadu ar y Cynghreiriaid.

Yr achos o blaid methiant

Mae rhai haneswyr yn dadlau mai ychydig iawn a gyflawnodd Stresemann fel gweinidog tramor, ar wahân i ohirio talu'r iawndal, a chael Ffrainc i adael y Rheindir yn gynnar. Roedd pris ar y llwyddiannau hyn hyd yn oed, sy'n awgrymu ei fod yn negodwr aneffeithiol o ran polisi tramor. Yn wir fe chwalodd ei ddiplomyddiaeth gymedrol ar ôl 1929.

Doedd Stresemann ddim yn gallu cysoni nodau polisi tramor Weimar â'i ddulliau ei hun, felly roedd unrhyw beth a gyflawnodd o ran polisi tramor yn cael ei weld yn rhy ddibwys i fod yn llwyddiant. Nid oedd ganddo ffordd o ddatrys y problemau roedd yn eu hwynebu.

Comisiwn Rheolaeth Filwrol Rhwng y Cynghreiriaid Crëwyd hwn i sicrhau bod yr Almaen yn cydymffurfio â chymalau milwrol Cytundeb Versailles.

Almaenwr da ac Ewropead da?

Mae rhai haneswyr yn dadlau bod Stresemann yn Almaenwr da ac yn Ewropead da. Maen nhw'n awgrymu ei fod yn deall gwendid rhyngwladol yr Almaen, a'i fod yn gallu chwarae'r gêm ddiplomatig yn feistrolgar. I'r gwrthwyneb, mae eraill yn ystyried nad oedd yn Almaenwr da nac yn Ewropead da chwaith. Bradychodd achos cenedlaetholwyr yr Almaen gartref, ac oherwydd ei ymdrechion i adeiladu pontydd â'r Dwyrain a'r Gorllewin, roedd ei wrthwynebwyr yn ystyried ei fod yn dwyllwr medrus.

Effaith y Dirwasgiad ar yr Almaen

Cyd-destun hanesyddol: dioddefaint economaidd neu radicaliaeth wleidyddol?

Does dim amheuaeth fod Cwymp Wall Street ym mis Hydref 1929 a'r Dirwasgiad byd-eang a ddilynodd wedi chwarae rhan yng nghwymp Gweriniaeth Weimar. Ond mae haneswyr yn anghytuno ynghylch union natur y cyswllt hwnnw.

Yr achos o blaid dioddefaint economaidd

Mae llawer o haneswyr yn dadlau bod y Dirwasgiad wedi arwain at ddinistrio'r Almaen yn economaidd ddechrau'r 1930au. Roedd diwydiant yr Almaen wedi bod yn ddibynnol iawn ar arian tramor, ac roedd y system fancio'n allweddol wrth roi benthyciadau ar gyfer buddsoddiadau tymor hir. Pan dynnwyd yr arian tramor yn ôl, arweiniodd at argyfwng bancio, ac arweiniodd hynny yn ei dro at fethdalu a diweithdra. Roedd system les flaengar wedi cael ei datblygu yn ystod cyfnod Weimar. Ond peidiodd hon â gweithio oherwydd y llymder, ac roedd rhaid i nifer cynyddol o bobl ddi-waith fyw naill ai ar gardod gan yr awdurdodau lleol neu gan elusennau. Yn ôl y farn hon, creodd y Dirwasgiad anialdir economaidd, gan effeithio'n ddifrifol ar fywydau pobl yr Almaen.

Yr achos o blaid radicaliaeth wleidyddol

Mae haneswyr eraill yn dadlau bod y Dirwasgiad wedi taflu cysgod hir dros system wleidyddol yr Almaen, gan greu problemau drwy gydol yr 1930au cynnar. Golygodd y dirywiad yn sefyllfa economaidd yr Almaen fod etholwyr wedi'u dadrithio'n llwyr yn system Weimar. Roedd hyn mor ddwys nes bod y Dirwasgiad wedi arwain at **ddiwedd gwleidyddiaeth gonsensws**, gan greu llywodraeth awdurdodaidd adain dde drwy ddefnydd cynyddol o ordinhadau arlywyddol. Arweiniodd y problemau economaidd difrifol at dwf syniadau gwrth-ryddfrydol a dadleuon chwerw ynghylch sut i ddatrys y methiannau economaidd. Y pleidiau rhyddfrydol a'r DNVP a ddioddefodd yn bennaf, ac yn y pen draw y canlyniad oedd bod y Blaid Natsïaidd yn dod i rym, gan lwyddo i fod y blaid fwyaf yn y Reichstag erbyn 1932.

Cafodd etholwyr dosbarth canol a dosbarth gweithiol eu dal mewn dirwasgiad am yr ail dro mewn degawd. O ganlyniad, cafodd y grwpiau hyn fraw a wnaeth iddyn nhw newid eu teyrngarwch o'r pleidiau cymedrol, ar y cyfan, i'r eithafwyr gwleidyddol.

Diwedd gwleidyddiaeth gonsensws Anallu llywodraeth ddemocrataidd i weithredu'n effeithiol.

Roedd y Blaid Natsïaidd yn cynnig ffyrdd radical o ddatrys problemau'r Almaen. At hynny, roedd yn cynnig rhaglen a apeliai'n arbennig at fuddiannau'r dosbarth canol, ond oedd hefyd ag apêl ehangach. Yn hinsawdd wleidyddol ac economaidd yr 1930au, roedd y Blaid Natsïaidd yn siŵr o ddenu'r bobl oedd yn gweld gobaith yn addewid Hitler i ddileu bygythiad comiwnyddiaeth.

Roedd y Comiwynyddion, dan Thälmann, yn credu y byddai'r Dirwasgiad yn newid patrymau pleidleisio yn yr Almaen ac y byddai'r KPD yn ennill pleidleisiau dosbarth gweithiol oddi ar yr SPD. I raddau, roedd Thälmann yn iawn, oherwydd cynyddodd cyfran y KPD o'r bleidlais boblogaidd o 10.6% yn 1928 i 14.3% ym mis Gorffennaf 1932. Roedd hefyd yn credu, pe bai'r Natsïaid yn dod i rym, y byddai eu cyfnod o lywodraethu yn fyr oherwydd y chwyldro proletaraidd a fyddai'n sicr o ddigwydd yn yr Almaen.

Ond doedd y KPD byth mewn sefyllfa i herio'r Natsïaid. Yn wir, er twf cymharol ei phoblogrwydd rhwng 1924 ac 1932, roedd hynny'n fantais i'r Natsïaid. Yn wyneb methiant y system ddemocrataidd, roedd yn hawdd iddyn nhw dynnu sylw at y bygythiad gan dwf y blaid Gomiwnyddol. O ganlyniad, denwyd etholwyr yr Almaen fel defaid at y dde eithafol, gan nad oedd unman arall iddyn nhw fynd.

Esgyniad y Natsïaid i rym, 1923–1933

Cyd-destun hanesyddol: arweiniad cadarnhaol neu amgylchiadau cyffredinol?

Ceir gwahaniaeth barn ymhlith haneswyr, wrth drafod pam llwyddodd y Natsïaid i ddod i rym: ai oherwydd arweiniad cadarnhaol Hitler, neu o ganlyniad i newid yn amgylchiadau'r Almaen rhwng 1923 ac 1933.

Yr achos o blaid arweiniad cadarnhaol

Mae llawer o haneswyr yn dadlau na fyddai'r Blaid Natsïaidd wedi dod i rym oni bai am bersonoliaeth Adolf Hitler, ei arweiniad, a'i sgiliau trefnu. Dyma ddamcaniaeth hanesyddol 'Y Dyn Mawr' – pan ddaeth Hitler i rym, roedd hyn yn benllanw gweledigaeth un dyn a'i gred yn ei dynged ei hun. Roedd yn benderfynol o gam-drin a dinistrio system ddemocrataidd yr Almaen.

Does dim amheuaeth fod Hitler wedi dangos hyblygrwydd tactegol, gan fachu ar gyfleoedd i ddatblygu trefniadaeth a rhaglen Sosialaeth Genedlaethol yn y cyfnod 1923–1933. Roedd ganddo'r nodweddion personol delfrydol, felly, i fanteisio ar yr argyfyngau economaidd a gwleidyddol a brofodd y Weriniaeth ar ôl 1929.

Trodd Hitler blaid genedlatholgar, adain dde, ar ymylon cymdeithas, yn fudiad torfol o brotest radicalaidd. Llwyddodd i drawsblannu ei weledigaeth o system ddemocrataidd amherffaith, an-Almaenig i feddylfryd yr etholwyr. Daeth yn hawdd rhoi'r bai ar y system ddemocrataidd am holl ofidiau cymdeithas yr Almaen.

Yr achos o blaid amgylchiadau cyffredinol

Er gwaethaf gallu Hitler i arwain, mae'r ffocws ar arweiniad cadarnhaol yn anwybyddu'r ffaith fod datblygiadau economaidd a gwleidyddol, na chafodd eu creu ganddo ef ei hun, wedi ei helpu i ddod i rym. Er enghraifft, nid Hitler oedd yn gyfrifol am achosi Cwymp Wall Street, ac nid ef chwaith a drefnodd y methiant gwleidyddol a ddatblygodd yn yr Almaen o 1930 ymlaen.

Safbwynt arall ar lwybr y Natsïaid i rym yn y cyfnod hwn yw hyn: roedd yn ymddangos bod y system wleidyddol yn methu cyflawni swyddogaethau arferol llywodraeth; ac ar ben hynny, ar ôl 1930, cafwyd symudiad cyson i'r dde yn y Weriniaeth, gan arwain at gyfres o gabinetau awdurdodaidd.

Mae'n eironig bod y symud cyfeiriad gwleidyddol seismig hwn o 1930 ymlaen yn ei hanfod yn boblogaidd! Roedd yn golygu bod dyrchafu rhywun fel Hitler gymaint â hynny'n haws, ac yn llai o sioc nag y byddai wedi bod yn 1920.

Ar y llaw arall, mae modd dadlau bod esgyniad y Blaid Natsïaidd i rym a chwymp llywodraeth Weimar ar yr un pryd yn ddwy broses hanesyddol gyfochrog, ac nad effeithiodd y naill ar y llall o reidrwydd. Os oedd cwymp Gweriniaeth Weimar yn edrych yn debygol, nid oedd hynny o reidrwydd yn golygu y byddai Hitler yn dod yn ganghellor.

Yn wir, ym mis Tachwedd 1932, gwelwyd cwymp yn y gefnogaeth i'r Blaid Natsïaidd. Felly daeth Hitler i rym ar adeg pan oedd yn ymddangos bod cefnogaeth boblogaidd i Sosialaeth Genedlaethol wedi cyrraedd ei frig.

Byddai barn arall yn dadlau mai'r prif reswm y daeth y Natsïaid i rym oedd cyfuniad annisgwyl o ddigwyddiadau allanol, fel Ardrefniant Versailles a'r Dirwasgiad Mawr. Byddai'r farn hon yn herio'r syniad o ddatblygiad Sosialaeth Genedlaethol dros gyfnod hir, ac yn ystyried bod catalyddion mwy tymor byr wedi dod â'r mudiad i sylw'r cyhoedd.

Cyngor

Byddwch yn ymwybodol bod yr achos o blaid arweiniad cadarnhaol yn olwg eithaf simplistaidd ac un dimensiwn ar esgyniad y Natsïaid i rym.

Crynodeb

Pan fyddwch chi wedi cwblhau'r adran hon, dylai fod gennych chi wybodaeth drylwyr am y dehongliadau hanesyddol o faterion allweddol y cyfnod hwn. Dylech allu herio'r farn:

■ mai Cytundeb Versailles oedd prif achos ansefydlogrwydd domestig yn y cyfnod 1918–1923
■ mai'r prif ffactor a arweiniodd at ddinistrio'r Almaen yn economaidd oedd y Dirwasgiad Mawr
■ bod mwy o sefydlogrwydd domestig yn yr Almaen yn y cyfnod 1924–1929
■ mai Hitler oedd yn gyfrifol am ddod â'r Blaid Natsïaidd i rym
■ bod polisi tramor Weimar yn llwyddiannus ar y cyfan yn y cyfnod 1924–1929
■ bod safbwyntiau hanesyddol yn sefydlog a pharhaol.

Cwestiynau ac Atebion

Mae'r adran hon yn cynnwys canllaw ar strwythur yr arholiad ar gyfer UG Uned 2 Opsiwn 8 Yr Almaen: Democratiaeth ac Unbennaeth tua 1918–1945; Rhan 1: Weimar a'i Sialensiau tua 1918–1933 ym manyleb CBAC, gydag esboniad o'r amcanion asesu a chanllaw i'r ffordd orau o rannu eich amser er mwyn cyd-fynd â'r dyraniad marciau. Mae'n bwysig eich bod yn dod yn gyfarwydd â strwythur yr arholiad a natur yr asesiadau. Ar ôl pob cwestiwn o hen bapur, bydd tri ateb enghreifftiol. Mae Myfyriwr A yn cynrychioli gradd A/A*, Myfyriwr B yn cynrychioli gradd A/B, a Myfyriwr C yn cynrychioli gradd C/D. Caiff cryfderau a gwendidau pob ateb eu cynnwys yn y sylwebaeth.

Strwythur yr arholiad

Bydd dau gwestiwn gorfodol ar eich papur arholiad. Caiff pob cwestiwn ei farcio allan o 30. Cewch 1 awr 45 munud i gwblhau eich atebion.

Natur yr amcanion asesu

Mae Cwestiwn 1 wedi'i seilio'n llwyr ar AA2. Mae disgwyl i chi 'ddadansoddi a gwerthuso deunydd ffynhonnell priodol, sy'n gynradd a/neu'n gyfoes i'r cyfnod, o fewn ei gyd-destun hanesyddol'. Disgwylir i fyfyrwyr wneud y canlynol:

- dadansoddi a gwerthuso tair ffynhonnell yn eu cyd-destun gwreiddiol ac yng nghyd-destun yr ymholiad a osodwyd
- asesu gwerth pob un o'r tair ffynhonnell i hanesydd sy'n cynnal ymchwiliad penodol
- dangos eu bod yn deall y cyd-destun hanesyddol o gwmpas yr ymholiad, ac yn gallu cynnig barn ar werth y ffynonellau i hanesydd sy'n cynnal ymchwiliad penodol.

Mae Cwestiwn 2 wedi'i seilio'n llwyr ar AA3. Mae disgwyl i chi 'ddadansoddi a gwerthuso, mewn perthynas â'r cyd-destun hanesyddol, ffyrdd gwahanol y cafodd agweddau ar y gorffennol eu dehongli'. Disgwylir i fyfyrwyr wneud y canlynol:

- dadansoddi a gwerthuso'r ddau ddetholiad a ddarperir o'r materion a enwebwyd, a'u cyfuno â dealltwriaeth o'r cyd-destun hanesyddol a'r drafodaeth hanesyddol ehangach
- dangos sut a pham mae haneswyr wedi ffurfio dehongliadau hanesyddol gwahanol, drwy roi sylwadau ar gynnwys ac awduraeth y darnau a dangos dealltwriaeth o'r cyd-destun hanesyddol ehangach.

Nid yw Cwestiwn 2 yn ymwneud â gwerthuso ffynonellau, nac â gwybod a gallu cofio am haneswyr penodol chwaith. Mae disgwyl i fyfyrwyr lunio barn am y safbwynt sydd yn y cwestiwn a osodwyd.

Amseru eich ateb

Mae'r canllaw hwn yn awgrymu eich bod yn rhannu eich amser yn gyfartal rhwng pob cwestiwn.

Cwestiwn 1

Astudiwch y ffynonellau isod ac atebwch y cwestiwn sy'n dilyn.

Ffynhonnell A

GWEITHWYR! CYMRODYR Y BLAID!

MAE'R PUTSCH MILWROL WEDI DECHRAU!

Mae'r Freikorps, gan ofni'r gorchymyn i chwalu, yn ceisio dileu'r Weriniaeth a ffurfio unbennaeth filwrol. Bydd llwyddiannau'r flwyddyn gyfan yn cael eu chwalu, a bydd eich rhyddid, a gostiodd yn ddrud, yn cael ei ddinistrio. Mae popeth yn y fantol! Mae gofyn am y gwrth-fesurau cryfaf. Ni ddylai unrhyw ffatri weithio tra bydd unbennaeth filwrol Ludendorff a'i griw yn rheoli! Felly, rhowch eich offer i lawr! Ewch allan ar streic! Peidiwch â rhoi tanwydd i'r criw milwrol! Ymladdwch ym mhob ffordd dros y Weriniaeth! Anghofiwch bob ffrae. Dim ond un ffordd sydd i atal unbennaeth rhag dod yn ôl, a hynny yw drwy barlysu bywyd economaidd. Ni chaiff yr un llaw symud! Streic gyffredinol ar bob tu! I lawr â'r gwrth-chwyldro!

Ffynhonnell A Pamffled a gyhoeddwyd gan aelodau'r SPD yn llywodraeth Weimar, ac a ddosbarthwyd i boblogaeth Berlin mewn ymateb i Putsch Kapp, Mawrth 1920

Ffynhonnell B

Beth roedden ni'n ceisio ei gyflawni wrth orymdeithio i München ar 9 Tachwedd 1923? Roedden ni am greu'r amodau yn yr Almaen fyddai'n ei gwneud yn bosibl i ddileu gafael haearnaidd ein gelynion arnom ni. Roedden ni am greu trefn yn y wladwriaeth. Roedden ni am gael gwared ar y bobl ddiog ac adfer ffyniant economaidd. Roedden ni am ailgyflwyno gwasanaeth milwrol, sef y ddyletswydd fwyaf anrhydeddus. A nawr rwy'n gofyn i chi: a oedd ein dymuniad yn uchel frad? Rwy'n gwybod pa ddyfarniad byddwch chi'n ei basio. Ond, wŷr bonheddig, ni fyddwch yn cyhoeddi dedfryd yn ein herbyn ni. Llys Tragwyddol Hanes fydd yn dedfrydu ar y cyhuddiad yn ein herbyn. Bydd y Llys hwnnw'n ein barnu ni yn Almaenwyr oedd yn dymuno gweld y gorau i'w pobl a'u mamwlad.

Ffynhonnell B Araith gan Adolf Hitler yn ei achos llys am frad yn sgil ei ran yn Putsch München, Chwefror 1924

Ffynhonnell C

Mae canlyniad etholiadau'r Reichstag ar 6 Tachwedd wedi dangos bod y cabinet presennol, er na fydd neb o bobl yr Almaen yn amau eu bwriadau gonest, wedi methu dod o hyd i ddigon o gefnogaeth ymhlith pobl yr Almaen i'w polisïau. Gofynnwn yn wylaidd felly i chi ystyried ailgyfansoddi'r cabinet mewn modd fyddai'n gwarantu'r gefnogaeth boblogaidd fwyaf posibl. Rydym yn datgan ein bod yn rhydd rhag unrhyw fuddiannau gwleidyddol pleidiol penodol. Ond yn y mudiad Sosialaidd Cenedlaethol, sy'n sgubo drwy ein poblogaeth, rydyn ni'n gallu gweld dechrau cyfnod o aileni i economi'r Almaen. Dim ond drwy drosglwyddo cyfrifoldeb i arweinydd y grŵp cenedlaetholgar mwyaf y gellir cyflawni hyn.

Ffynhonnell C Detholiad o lythyr i'r Arlywydd Hindenburg gan ddiwydianwyr blaenllaw'r Almaen, Tachwedd 1932

Gan gyfeirio at y ffynonellau a defnyddio'r hyn rydych chi'n ei ddeall am y cyd-destun hanesyddol, aseswch werth y tair ffynhonnell hyn i hanesydd sy'n astudio'r gwrthwynebiad i Weriniaeth Weimar rhwng 1920 ac 1932.

[30 marc]

Myfyriwr A

Gyda'i gilydd, mae'r tair ffynhonnell yn cynnwys gwybodaeth werthfawr am y gwrthwynebiad i Weriniaeth Weimar yn y cyfnod 1920–1932. Mae'r ffynonellau'n cwmpasu holl gyfnod Weimar fwy neu lai, ac yn cynrychioli safbwyntiau hollol wahanol y gwrthwynebiad. Byddai hyn yn werthfawr i hanesydd, oherwydd byddai'n cael golwg gytbwys ar y cyd-destun hanesyddol, gan fod y ffynonellau'n cynrychioli barn y chwith a'r dde wleidyddol, yn ogystal â grwpiau elît fel diwydianwyr, oedd yn cael eu harwain gan fuddiannau personol gwahanol.

ⓐ Mae'r myfyriwr wedi ceisio cynnig trosolwg hanesyddol o'r tair ffynhonnell. Does dim angen rhoi barn gyfunol ar y ffynonellau, ond yn yr achos hwn mae'r myfyriwr yn ceisio sefydlu dadl dros werth y ffynonellau fel grŵp i hanesydd, ac mae hyn yn eithaf teilwng.

Mae ffynhonnell A yn cynnwys gwybodaeth werthfawr am Putsch Kapp. Mae'r pamffled yn dangos yr argyfwng mawr cyntaf o gyfeiriad gwrthwynebiad yr adain dde i Weriniaeth Weimar yn 1920, oherwydd gorfodwyd Ebert a'i lywodraeth i ffoi. Arweinwyr y putsch oedd swyddogion adain dde anfoddog y fyddin a dynion y Freikorps. Roedden nhw wedi'u gwylltio am fod y fyddin wedi'i lleihau dan delerau Cytundeb Versailles a'r gorchymyn i ddiddymu'r Freikorps. Mae'n dangos bod y llywodraeth wedi galw am streic gyffredinol er mwyn sicrhau bod y putsch yn aneffeithiol, ac yn y pen draw, methodd y putsch. Ysgrifennwyd ffynhonnell A yn 1920, ac felly bydd yn werthfawr i hanesydd sy'n astudio'r gwrthwynebiad i Weriniaeth Weimar oherwydd cafodd ei hysgrifennu yn ystod y putsch gan ddatgelu'r strategaeth i geisio'i dymchwel.

Lluniwyd y pamffled gan yr SPD, y brif blaid ar y pryd oedd yn gweithio o fewn llywodraeth glymblaid. Mae'r ffaith fod pamffled o'r fath wedi'i lunio yn dangos y gwir fygythiad roedd yn credu ei bod yn ei wynebu. Mae tôn y ffynhonnell yn ymateb nodweddiadol o ragfarn yr adain chwith i'r adain dde, a oedd, yn eu barn nhw, yn ceisio adfer y Kaiser a'r 'hen drefn' i'r Almaen, ac felly dylid ei thrin â gofal. Efallai fod bygythiad y Spartacistiaid ar ben, ond newydd ddechrau roedd arswyd y Freikorps.

Roedd hyn yn enghraifft arall o'r ymgyrch propaganda negyddol gan yr adain chwith yn yr Almaen. Mae'n ddehongliad nodweddiadol besimistaidd o ddyfodol yr Almaen, ac yn ymgais i rwystro'r gwrth-chwyldro drwy apelio at boblogaeth Berlin i amddiffyn gwerthoedd y Weriniaeth. Dylai hanesydd fod yn ofalus wrth ddadansoddi'r ffynhonnell hon hefyd, gan y gallai ddatgelu paranoia'r chwith at y dde, ac felly byddai o werth cyfyngedig wrth astudio gwrthwynebiad yn y cyfnod. Serch hynny, mae'r tôn yn awgrymu bod hon yn ymgais daer i ennill cefnogaeth gymedrol yn erbyn her adain dde Kapp.

Cwestiynau ac Atebion

ⓐ Mae'r myfyriwr wedi gosod y ffynhonnell yn ei chyd-destun hanesyddol priodol, ac wedi gwneud rhai sylwadau dilys wrth werthuso'r ffynhonnell. Mae'r myfyriwr wedi ceisio cyflwyno barn resymegol am werth y ffynhonnell i hanesydd sy'n astudio gwrthwynebiad yn y cyfnod.

> Mae ffynhonnell B yn werthfawr i hanesydd sy'n astudio'r gwrthwynebiad i Weriniaeth Weimar yn y cyfnod gan ei bod yn ymdrin ag ymgais adain dde arall i ddymchwel y Weriniaeth, sef Putsch München. Daw ffynhonnell B o araith gan Hitler yn ei achos llys yn 1924 yn dilyn Putsch München. Ym mis Tachwedd 1923, ceisiodd y Blaid Natsïaidd gipio grym yn München. Yn y ffynhonnell hon, mae Hitler yn egluro ei fod am 'ddileu gafael haearnaidd ei elynion'. Mae'n dangos pa mor effeithiol fu'r llywodraeth wrth ymdrin â'r bygythiadau, gan ei fod yntau yn y llys a'r putsch wedi methu. Mae'r ffynhonnell yn dangos sut ceisiodd Hitler droi ei achos yn ddatganiad o bropaganda. Hyd at y pwynt hwn, roedd Hitler yn berson di-nod ac roedd y grŵp adain dde hwn, y Sosialwyr Cenedlaethol, yn ddim mwy na phlaid ymylol.
>
> Dylid trin yr araith yn ofalus, oherwydd bod Hitler yn cyflwyno amddiffyniad gwladgarol i'w putsch. Mae hyn i gyd yn rhan o'i gynllwyn. Roedd eisoes yn gwybod y byddai ei ddedfryd yn ysgafn ac yn ddim mwy na cherydd bach. Roedd yn cyflwyno'r dde wleidyddol fel plaid wladgarol Almaenig oedd yn cyferbynnu â Gweriniaeth 'an-Almaenig' Weimar.
>
> Ond mae'r ffynhonnell yn dal yn dystiolaeth werthfawr i hanesydd sy'n astudio gwrthwynebiad adain dde i Weriniaeth Weimar. Mae hynny oherwydd bod yr araith yn datgelu bod cenedlaetholwyr Almaenig anfoddog yn dal i fodoli, a'u bod yn barod i gymryd y gyfraith i'w dwylo eu hunain. Ond er cynnwys yr araith, digwyddiad cymharol ddibwys oedd y putsch, ac mae'r hyn oedd gan Hitler i'w ddweud yn ddatganiad o bropaganda.

ⓐ Mae'r myfyriwr wedi ceisio cyflwyno barn resymegol am werth y ffynhonnell i hanesydd, ac wedi gwneud rhai sylwadau dilys wrth werthuso'r ffynhonnell. Ond mae'r myfyriwr heb osod y ffynhonnell yn ei chyd-destun hanesyddol priodol, sef digwyddiadau 1923, a bydd hyn yn effeithio ar ansawdd y farn.

> Mae ffynhonnell C yn datgelu poblogrwydd cynyddol Sosialaeth Genedlaethol erbyn 1932. Yn dilyn etholiad Tachwedd 1932, roedd y cefnogaeth i Sosialaeth Genedlaethol wedi cwympo o 230 i 196 aelod, ond roedd y symud tuag at y dde wleidyddol yn parhau. Roedd elît yr Almaen, sef y diwydianwyr, yn rhoi pwysau ar Hindenburg i benodi Hitler yn ganghellor. Roedden nhw'n teimlo, gan mai Hitler oedd arweinydd y grŵp cenedlatholgar mwyaf, y dylen nhw roi awdurdod iddo.
>
> Er bod y diwydianwyr yn honni eu bod yn 'rhydd rhag unrhyw fuddiannau gwleidyddol pleidiol penodol', dylai'r hanesydd fod yn ofalus o'r ffynhonnell hon, oherwydd doedden nhw ddim wedi ymrwymo i lywodraeth seneddol erioed. Erbyn hyn roedden nhw'n credu bod eu hofnau'n cael eu cadarnhau. Roedd rhai'n gweld y posibilrwydd o ddefnyddio cefnogaeth boblogaidd i'r mudiad Natsïaidd adain dde er mwyn symud y system wleidyddol i gyfeiriad mwy awdurdodaidd.
>
> Dylid trin y niwtraliaeth honedig hon yn ofalus, gan fod ymgyrch Hitler yn erbyn Cynllun Young wedi rhoi mynediad i'w fudiad adain dde at Fusnesau Mawr

ac wedi darparu rhywfaint o barchusrwydd. At hynny, mae'r llythyr yn galw am aileni'r economi yn dilyn Dirwasgiad 1929, oedd wedi effeithio'n ddifrifol ar elw'r diwydianwyr. Byddai unrhyw adferiad economaidd yn fanteisiol i'w buddiannau.

Mae'r ffynhonnell yn dal yn dystiolaeth werthfawr i hanesydd sy'n astudio gwrthwynebiad adain dde i Weriniaeth Weimar gan ei bod yn datgelu bod y 'mudiad cenedlaetholgar yn sgubo drwy'r wlad'. Roedd gwrthwynebiad ar y dde bellach yn ffenomen dorfol, yn hytrach na lleiafrif o eithafwyr. Ond dylai'r hanesydd drin y ffynhonnell â gofal, oherwydd ei bod yn amlwg wedi'i hysgrifennu gyda hunan-les yn flaenoriaeth. Roedd y diwydianwyr yn gobeithio elwa yn sgil y Natsïaid.

Yn gyffredinol, mae'r tair ffynhonnell yn werthfawr i hanesydd sy'n astudio gwrthwynebiad yn y cyfnod 1920–1932 oherwydd eu bod yn dangos sut roedd buddiannau unigol yn aml yn dylanwadu ar natur y gwrthwynebiad yn yr Almaen. Mae'r ffynonellau'n canolbwyntio ar y gwrthwynebiad adain dde, gan ddangos yr ymdrechion i orfodi Gweriniaeth Weimar i ddilyn llwybr mwy adain dde, a sut cawson nhw gefnogaeth boblogaidd gan rai grwpiau lles penodol, a gwrthwynebiad gan eraill.

🄐 Mae'r myfyriwr yn dadansoddi ac yn gwerthuso'r tair ffynhonnell mewn ffordd ystyrlon. Ceir rhai sylwadau dilys wrth werthuso'r ffynhonnell. Ceisiodd y myfyriwr werthuso'r ffynonellau o fewn y cyd-destun hanesyddol priodol ac ar gyfer yr ymholiad a osodwyd, er na chafodd hyn ei ddatblygu yn Ffynhonnell B. Yn gyffredinol, mae'r myfyriwr wedi cyflwyno barn ddilys, wedi'i chefnogi, ar werth y ffynonellau i hanesydd sy'n astudio gwrthwynebiad yn y cyfnod 1920–1932.

🄐 Sgôr: 23/30 marc = ar y ffin rhwng A* ac A

Myfyriwr B

Mae ffynhonnell A, a ysgrifennwyd gan y Sosialwyr Democrataidd, yn ddarn o bropaganda adain chwith a gynlluniwyd i ysbrydoli'r gweithwyr i fynd ar streic i brotestio yn erbyn Putsch Kapp. Mae tôn perswadiol i'r ffynhonnell, gan ei bod yn y bôn yn ceisio achub y Weriniaeth rhag dychwelyd i unbennaeth. Mae'r ffaith fod y pamffled wedi'i ysgrifennu yn dilyn Putsch Kapp yn eithaf arwyddocaol.

Yn y ffynhonnell mae ple am undod, sy'n thema nad oedd mewn gwirionedd wedi ei chlywed yng Ngweriniaeth Weimar hyd at 1920. Yn wir, roedd gwrthwynebiad adain chwith i Weriniaeth Weimar wedi ymddangos ym mis Ionawr 1919 ar ffurf Gwrthryfel y Spartacistiaid, ac arweiniodd meddiannu Bafaria gan y Comiwnyddion at lawer o aflonyddwch ac anniddigrwydd yn yr Almaen.

Efallai fod y gwrthryfeloedd blaenorol hyn yn esbonio tôn y ffynhonnell, oherwydd roedd wedi dod yn arferol i ddefnyddio tactegau eithafol i gyflawni amcanion gwleidyddol. Mae'r ffaith mai'r SPD a ysgrifennodd y pamffled yn bwysig, gan eu bod yn rhan o lywodraeth glymblaid. Bydden nhw ar eu hennill, felly, o ddod â'r putsch i ben. Byddai'r ffynhonnell hon yn werthfawr i hanesydd sy'n astudio'r gwrthwynebiad i Weriniaeth Weimar gan ei bod yn dangos gwrthwynebiad adain dde yn 1920, ac yn dangos ymateb gwahanol grwpiau i hyn.

a Mae'r myfyriwr wedi ceisio dadansoddi a gwerthuso Ffynhonnell A, yn hytrach na chrynhoi cynnwys y ffynhonnell yn unig. Mae'r sylwadau sy'n gwerthuso'r ffynhonnell wedi'u datblygu'n well, wrth i'r myfyriwr geisio gosod y ffynhonnell o fewn cyd-destun yr ymholiad a osodwyd. Ceir cyfeiriadau at y Spartacistiaid a'r llywodraeth glymblaid. Mae'r myfyriwr wedi cyflwyno barn ar werth y ffynhonnell i hanesydd sy'n astudio gwrthwynebiad yn y cyfnod 1920–1932. Roedd angen i'r myfyriwr ganolbwyntio mwy ar y cyd-destun hanesyddol a'r dyddiad penodol er mwyn llunio barn fwy rhesymegol ar werth y ffynhonnell.

Daw ffynhonnell B o araith gan Adolf Hitler yn 1924. Mae tôn y ffynhonnell yn awgrymu bod yr araith wedi'i chynllunio i sicrhau na fyddai aelodau'r Blaid Natsïaidd yn colli ffydd, a hefyd i geisio perswadio'r bobl oedd ddim yn Natsïaid bod yr achos yn gyfiawn, a bod y Natsïaid yn gweithredu er lles gorau'r Almaen.

Y rheswm pam roedd Hitler yn rhoi'r araith hon yn ystod ei achos yw fod y barnwr, yn gyfrinachol, wedi ochri â'r Natsïaid ynghylch y putsch. Roedd yn bwriadu bod yn drugarog â Hitler beth bynnag. O ganlyniad, dylai haneswyr drin y ffynhonnell â gofal gan ei bod yn debygol bod Hitler yn chwarae i'w gynulleidfa, ac yn dewis a dethol beth i'w ddweud. Mae tôn Hitler yn herfeiddiol, ac mae'n hawdd gweld nad yw'r methiant hwn wedi ei ddadrithio wrth iddo ddilyn ei ddelfrydau. Roedd yr araith yn gyfle i hyrwyddo'r Blaid Natsïaidd, gan wneud tôn herfeiddiol a hyderus Hitler yn bwysicach fyth.

Roedd Hitler yn y llys am ei rôl yn Putsch München, oedd yn ganlyniad i weithred Ffrainc o feddiannu'r Ruhr yn 1922, rhywbeth nad oedd unrhyw Almaenwr yn ei hoffi. Mae'n ddiddorol bod Hitler yn ei araith fel pe bai'n ei osod ei hun a'i blaid uwchlaw awdurdodaeth Gweriniaeth Weimar, a pharhaodd â'r thema hon drwy gydol ei esgyniad i rym.

Yn gyffredinol, mae'r ffynhonnell hon yn werthfawr i hanesydd sy'n astudio'r gwrthwynebiad i Weriniaeth Weimar rhwng 1920 ac 1932, gan mai dyma'r gwrthwynebiad cyntaf gan y Natsïaid i'r Weriniaeth. Mae hefyd yn arwyddocaol oherwydd y carcharwyd Hitler yn dilyn y putsch hwn. Newidiodd ei strategaeth ar ôl hynny i ennill grym drwy bleidlais.

a Unwaith eto, mae'r myfyriwr wedi osgoi gwneud dim mwy na thynnu gwybodaeth o'r ffynhonnell. Ceir gwell ymwybyddiaeth gyd-destunol yma, er bod y myfyriwr yn llithro i drafod arwyddocâd Putsch München i Hitler, yn hytrach na chanolbwyntio ar ei werth i hanesydd sy'n astudio gwrthwynebiad yn y cyfnod 1920–1932. Mae'r myfyriwr wedi gwerthuso rhywfaint ar y ffynhonnell mewn ffordd ystyrlon sy'n adlewyrchu cyd-destun cyffredinol y ffynhonnell.

Mae ffynhonnell C yn llythyr perswadiol gan ddiwydianwyr yr Almaen i'r Arlywydd Hindenburg yn 1932, yn ceisio'i argyhoeddi i benodi Hitler yn arweinydd y llywodraeth, gan mai dyma'r unig ffordd y gallai economi'r Almaen ffynnu.

Ar adeg ysgrifennu'r ffynhonnell, roedd yr Almaen yn dioddef y problemau a achoswyd gan Gwymp Wall Street yn 1929. Roedd Erthygl 48 yn cael ei defnyddio i lywodraethu'r Almaen. Roedd hyn yn golygu bod grwpiau elît fel y diwydianwyr yn galw am newid llywodraeth. Cynhaliwyd dau etholiad cyffredinol yn 1932. Ym mis Gorffennaf, y Natsïaid oedd y blaid fwyaf yn y Reichstag.

Yn amlwg, mae'n debygol bod y diwydianwyr yn ffafrio dychwelyd at ryw fath o lywodraeth awdurdodaidd, ac felly bydden nhw'n cydymdeimlo â'r hyn roedd Hitler yn ei gynnig o ran adfywio'r economi. Bydd hyn yn golygu bod y llythyr yn dangos llawer o duedd, ac wedi'i ysgogi gan hunan-les economaidd a gwleidyddol. Ond mae'r ffynhonnell yn dal i fod yn werthfawr i hanesydd sy'n astudio gwrthwynebiad, gan ei fod yn dangos sut yr arweiniodd y Dirwasgiad at anfodlonrwydd â'r Weriniaeth.

I gloi, bydd y tair ffynhonnell o werth sylweddol i hanesydd, oherwydd nid yn unig maen nhw'n cwmpasu'r cyfnod cyfan, ond hefyd maen nhw'n dystiolaeth o'r ffordd roedd gwahanol Almaenwyr yn teimlo.

ⓐ Mae'r myfyriwr wedi ceisio gosod y ffynhonnell o fewn amserlen gyffredinol, sy'n mynd ymhellach o lawer na thynnu'r wybodaeth berthnasol o'r ffynhonnell yn unig. Ni fanteisiodd y myfyriwr ar y cyfle i ystyried cyd-destun priodol etholiad y Reichstag ym mis Tachwedd 1932. Mae'r sylwadau sy'n gwerthuso'r ffynhonnell yn mynd y tu hwnt i drafodaeth fecanistig a fformiwläig ynghylch mathau o ffynonellau hanesyddol.

Yn gyffredinol, mae'r myfyriwr wedi ceisio dadansoddi a gwerthuso'r tair ffynhonnell mewn perthynas â chyd-destun cyffredinol yr ymholiad a osodwyd. Ceir barn gadarn am werth y tair ffynhonnell i hanesydd ym mhob un o'r tair ffynhonnell.

ⓐ Sgôr: 20/30 marc = ar y ffin rhwng A a B

Myfyriwr C

Rhwng 1920 ac 1932 roedd Gweriniaeth Weimar yn wynebu gwrthwynebiad gan amrywiaeth o bobl a grwpiau. Mae'r tair ffynhonnell yn dangos nifer o grwpiau gwrthwynebol gwahanol i Weriniaeth Weimar yn y cyfnod 1920–1932.

Pamffled yw ffynhonnell A a gyhoeddwyd gan aelodau o Blaid y Sosialwyr Democrataidd yn llywodraeth Weimar, ac a ddosbarthwyd i boblogaeth Berlin yn 1920 mewn ymateb i Putsch Kapp. Mae'r ffynhonnell yn galw ar gefnogwyr i ymuno â'r frwydr yn erbyn Putsch Kapp er mwyn i'r Weriniaeth allu ffynnu. Aiff y ffynhonnell yn ei blaen i ofyn i gefnogwyr y blaid fynd ar streic er mwyn rhwystro'r unbennaeth filwrol rhag cipio grym, a dweud: 'Peidiwch â rhoi tanwydd i'r criw milwrol!' a 'Streic gyffredinol ar bob tu!' I bob pwrpas roedd Putsch Kapp wedi dod â Gweriniaeth Weimar i ben, ac roedd yn un o nifer o grwpiau gwrthwynebol oedd yn gwrthwynebu'r system ddemocrataidd o lywodraethu. Dydy'r ffynhonnell hon ddim yn dweud unrhyw beth wrthym ni am gefndir Putsch Kapp.

Gan fod hwn yn ddatganiad gan aelodau o lywodraeth Weimar, mae'n dangos yn glir beth yw eu cymhelliad dros ddymuno dod â'r putsch i ben. Mae'r ffynhonnell yn codi braw ar ei chynulleidfa drwy eu rhybuddio am beryglon unbennaeth filwrol o'r adain dde, ac felly mae'n rhaid ei bod yn dangos tuedd. Mae'n ddarn o bropaganda adain chwith.

Mae'n ddefnyddiol i hanesydd, gan ei fod yn dangos bod bygythiad adain dde i'r Weriniaeth wedi llwyddo, ac mae hyn yn cyfiawnhau dosbarthu pamffled gyda geiriau mor gryf i boblogaeth Berlin. Ond oherwydd tôn blin y ffynhonnell, a'r ffaith iddi gael ei hysgrifennu gan bobl oedd yn gwrthwynebu'r adain dde, efallai fod yr SPD wedi gorbwysleisio a dwysáu canlyniadau posibl Putsch Kapp er mwyn sicrhau mwy o gefnogaeth a dymchwel y Putsch.

Cwestiynau ac Atebion

a Mae'r myfyriwr wedi tynnu gwybodaeth o'r ffynhonnell gyntaf mewn perthynas â'r cwestiwn a osodwyd, ac yna wedi gwneud rhai sylwadau gwerthuso mecanistig ynghylch awduraeth, tôn a tharddiad y ffynhonnell. Ond nid yw'r myfyriwr wedi ceisio ystyried y ffynhonnell yn ei chyd-destun hanesyddol priodol. Mae wedi cynnig barn fecanistig ar ddefnyddioldeb y ffynhonnell. Nid dyna oedd ei angen, ond yn hytrach dylai roi barn ar werth y ffynhonnell i hanesydd sy'n astudio'r gwrthwynebiad i Weriniaeth Weimar.

Daw ffynhonnell B o araith gan Adolf Hitler, Arweinydd y Blaid Natsïaidd. Rhoddodd yr araith yn ystod ei achos llys am frad ym München ym mis Chwefror 1924. Mae'r ffynhonnell hon hefyd yn ddefnyddiol i hanesydd sy'n astudio gwrthwynebiad i Weriniaeth Weimar, gan ei bod yn dangos putsch adain dde a fethodd, gyda Hitler yn cael ei arestio. Serch hynny, nid yw'r ffynhonnell yn rhoi gwybod i'r hanesydd beth ddigwyddodd yn ystod Putsch München, felly ni fyddai'n ddefnyddiol iawn. Hefyd yn y ffynhonnell mae Hitler yn amddiffyn ei weithredoedd yn erbyn Gweriniaeth Weimar am ei fod am 'adfer ffyniant economaidd' a 'chael gwared ar yr holl bobl segur.'

Mae tôn y ffynhonnell hon yn gyfrwys iawn, oherwydd bod Hitler yn amddiffyn ei weithredoedd yn nhermau 'dyletswydd anrhydeddus' i ryddhau'r Almaen oddi wrth ei gelynion. Mae'r ffynhonnell yn dangos llawer o duedd gan mai rhoi araith mae Hitler, sy'n debygol o gael ei chofnodi yn y wasg. Mae'n dymuno ymddangos yn Almaenwr gwladgarol sy'n ddieuog o uchel frad. Mae'r araith yn debygol o fod yn enghraifft o bropaganda sy'n dangos un ochr yn unig o'r stori yn 1923. Byddai'n ddefnyddiol i hanesydd am ei bod yn ffynhonnell wreiddiol.

a Mae'r myfyriwr wedi parhau i ganolbwyntio ar gynnwys y ffynhonnell, gan dynnu rhywfaint o wybodaeth ohoni. Ceir gwerthusiad mecanistig o'r ffynhonnell hefyd, sy'n canolbwyntio ar dôn a thuedd. Unwaith eto, mae'r myfyriwr heb gynnwys unrhyw ymwybyddiaeth gyd-destunol, boed yn gyffredinol neu'n briodol, yn yr ateb. Ceir ffocws mecanistig ar gryfderau a chyfyngiadau'r ffynhonnell, ond unwaith eto mae'r farn yn canolbwyntio ar ddefnyddioldeb y ffynhonnell, heb ateb yr union gwestiwn a osodwyd.

Yn olaf, mae ffynhonnell C yn ddetholiad o lythyr a ysgrifennwyd gan ddiwydianwyr blaenllaw'r Almaen i'r Arlywydd Hindenburg. Mae'r llythyr yn lleisio gwrthwynebiad y diwydianwyr i Weriniaeth Weimar drwy ofyn iddyn nhw roi grym i'r blaid adain dde fwyaf poblogaidd, y Natsïaid.

Mae'r ffynhonnell yn ddefnyddiol i hanesydd gan ei bod yn dangos cryfder teimlad y diwydianwyr at lywodraeth Weimar. Mae'n glir o'r ffynhonnell na all y diwydianwyr gyfiawnhau cadw'r llywodraeth mewn grym pan oedd y Natsïaid yn addo 'aileni economi'r Almaen'. Mae hon yn amlwg yn farn sy'n dangos tuedd, gan fod y diwydianwyr yn debygol o fod ar eu hennill pe bai'r economi'n gwella.

Mae'r ffynhonnell hefyd yn dangos nad oedd y gwrthwynebiad yn dod o gyfeiriad y pleidiau gwleidyddol yn unig, ond hefyd o blith pobl oedd yn poeni am fudd eu gwlad neu ei heconomi. Mae tôn y ffynhonnell yn cydymdeimlo â sefyllfa'r arlywydd, ond mae hefyd yn gobeithio y bydd yr arlywydd yn gwrando ar eu galwad i ailgyfansoddi'r 'cabinet mewn modd a fyddai'n gwarantu y byddai'n derbyn y gefnogaeth boblogaidd fwyaf bosibl'.

I gloi, mae'r holl ffynonellau'n ddefnyddiol i hanesydd sy'n astudio gwrthwynebiad i Weriniaeth Weimar yn y cyfnod 1920–32, ond rwy'n credu mai Ffynhonnell C yw'r fwyaf defnyddiol, gan ei bod yn pwysleisio cred y gallai cyfundrefn newydd wella economi'r Almaen.

ⓐ Mae'r dadansoddiad o Ffynhonnell C yn dilyn patrwm tebyg i'r ddwy ffynhonnell arall. Yn gyffredinol, mae'r myfyriwr wedi ymdrin â'r ffynonellau drwy edrych ar eu cynnwys, eu tarddiad a'u pwrpas. Mae'r ymateb wedi'i lunio o gwmpas yr hyn gafodd y myfyriwr yn y deunyddiau a ddarparwyd. Ni wnaeth unrhyw ymdrech i gynnwys gwybodaeth ychwanegol yn yr ymateb, ar ffurf cyd-destun hanesyddol cyffredinol neu briodol. Mae'r ymateb yn ceisio ystyried cynnwys y deunydd a ddarparwyd, ac yn cynnig barn gyfyngedig ar ddefnyddioldeb pob un o'r tair ffynhonnell i hanesydd sy'n astudio gwrthwynebiad yng Ngweriniaeth Weimar. Mae'r myfyriwr wedi ystyried gwerth cymharol y ffynonellau yn y casgliad, ond nid oes angen hyn yn ôl gofynion penodol y cwestiwn.

ⓐ Sgôr: 15/30 marc = ar y ffin rhwng C a D

Cwestiwn 2

Astudiwch y darnau isod ac atebwch y cwestiwn sy'n dilyn.

Dehongliad 1

Rhwng 1924 ac 1929 roedd system wleidyddol Weimar yn gweithredu'n normal, a dyfodol tymor hir y Weriniaeth yn edrych yn iachus. Roedd y trais gwleidyddol a nodweddai'r cyfnod 1919–1923 wedi tawelu. Roedd llwyddiannau economaidd yr Almaen ar ôl 1924 yn sylweddol. Dychwelodd incwm y genedl yn ôl i'w lefelau cyn y rhyfel. Newidiwyd yr holl offer hynafol oedd wedi treulio. Yr Almaen oedd â'r llynges fasnachol fwyaf modern, a'r rheilffyrdd cyflymaf. Roedd y gweithwyr yn gweithio'n dda. Roedd y dyfeiswyr, y peirianwyr a'r technegwyr yn uchel eu safon. Roedd cynllunio diwydiannol yn wych ac yn effeithiol. Pe na bai Cwymp Wall Street ym mis Hydref 1929 wedi arwain at ddirwasgiad economaidd byd-eang, byddai Gweriniaeth Weimar wedi gallu ennill calon pobl yr Almaen yn barhaol.

Dehongliad 1 G. Mann, hanesydd academaidd ac arbenigwr ar hanes Ewrop, yn ysgrifennu mewn llyfr cyffredinol, *The History of Germany since 1789* (cyhoeddwyd yn 1968)

Dehongliad 2

Roedd blynyddoedd 1924–1929 yn cynnig rhith o lwyddiant domestig. Roedd y blynyddoedd hyn yn llwyddiannus dim ond o'u cyferbynnu â'r cyfnodau o argyfwng o'u blaen ac ar eu hôl. Daeth nifer o argyfyngau llai yn ystod 1924–1929 i ddatgelu'r tensiynau dyfnach oedd yn dal i fod yno. Nid oedd y problemau strwythurol, a grëwyd gan Gytundeb Versailles a sefydlu'r Weriniaeth, wedi'u datrys. Roedd y problemau a gododd yn ystod y blynyddoedd o chwyddiant heb eu datrys hefyd. Parhaodd y tensiynau a'r rhwystredigaethau yn ystod y cyfnod gafodd ei alw'n gyfnod o 'sefydlogi'. Mae modd dadlau bod y problemau a gododd yng nghyfnod 1930–1933 wedi bod yn ffrwtian yng nghyfnod 1924–1929. Dirywiad etholiadol y pleidiau rhyddfrydol rhwng 1924 ac 1929 oedd y digwyddiad hollbwysig yng ngwleidyddiaeth Weimar, oherwydd bod hyn yn tanseilio'r canol, oedd yn bleidiol i'r Weriniaeth, o'r tu mewn.

Dehongliad 2 D. J. K. Peukert, hanesydd academaidd ac arbenigwr ar hanes yr Almaen, yn ysgrifennu yn *The Weimar Republic* (*Die Weimarer Republik*, a gyhoeddwyd yn 1991)

Mae haneswyr wedi llunio dehongliadau gwahanol ynghylch Gweriniaeth Weimar rhwng 1924 ac 1929. Dadansoddwch, gwerthuswch a defnyddiwch y ddau ddarn ar dudalen 69, a defnyddio'r hyn rydych chi'n ei ddeall am y ddadl hanesyddol, i ateb y cwestiwn canlynol.

Pa mor ddilys yw'r safbwynt fod y blynyddoedd 1924–1929 ar y cyfan yn gyfnod o lwyddiant i Weriniaeth Weimar?

[30 marc]

Myfyriwr A

Mae Dehongliad 1 yn cefnogi'r safbwynt bod y blynyddoedd 1924–1929 ar y cyfan yn gyfnod o lwyddiant i Weriniaeth Weimar. Mae hyn i'w weld yn y ffaith bod y detholiad yn dweud bod 'y trais gwleidyddol a nodweddai'r cyfnod 1919–1923 wedi tawelu' a bod 'llwyddiannau economaidd yr Almaen ar ôl 1924 yn sylweddol'.

Byddai'r hanesydd yn ymwybodol mai'r ymdrechion chwyldroadol olaf i ddymchwel y llywodraeth oedd Gwrthryfel y Spartacistiaid, Putsch Kapp a Putsch München, a bod pleidiau eithafol yr Almaen wedi gwneud yn wael iawn yn etholiadau 1928. Roedd clymbleidiau Weimar i'w gweld yn gweithio, oherwydd bod y cyfansoddiad yn gweithredu'n normal a deddfau'n cael eu pasio drwy'r Reichstag. Hefyd, er nad oedd yn bleidiol i'r Weriniaeth mewn gwirionedd, gofalodd Hindenburg ei fod yn gweithredu'n gyfansoddiadol yn y cyfnod hwn, felly mewn gwirionedd, fe gryfhaodd y Weriniaeth.

Mewn termau economaidd, byddai'r hanesydd yn cydnabod mai'r rhain oedd 'blynyddoedd aur' Gweriniaeth Weimar. Roedd y Rentenmark wedi sicrhau sefydlogrwydd ariannol, a diwygiwyd taliadau iawndal yr Almaen gan gynlluniau Dawes ac Young. Rhain oedd y blynyddoedd o dwf a llewyrch economaidd. Caniataodd buddsoddiad tramor o'r Unol Daleithiau i'r Almaen fuddsoddi mewn technegau cynhyrchu newydd, a sefydlwyd gwladwriaeth les. Llwyddodd Stresemann i gael gwared ar delerau mwyaf afresymol Cytundeb Versailles.

Er bod Mann yn arbenigwr ar hanes Ewrop, ac y byddai ganddo ddealltwriaeth wybodus o'r hyn oedd yn digwydd yn Ewrop, mae'r ffaith fod hon yn gyfrol hanes fwy cyffredinol yn lleihau dilysrwydd y dehongliad. O ganlyniad, gallai Mann fod wedi mabwysiadu'r safbwynt traddodiadol am ei fod yn haws ei dderbyn pan nad yw'r cyfnod yn cael ei astudio mewn cymaint o ddyfnder.

Felly, mae Mann fel pe bai'n dewis anwybyddu tystiolaeth sy'n gwrth-ddweud y dehongliad yn y cwestiwn. Caiff Mann ei berswadio'n rhy hawdd gan raddfa'r llwyddiant domestig, sydd wedi'i orbwysleisio. Mae'n anwybyddu'r syniad o 'ddilyniant' hanesyddol, a fyddai'n dadlau bod y problemau a gododd ar ôl 1929 wedi'u gwreiddio yn y blynyddoedd blaenorol.

ⓐ Mae'r myfyriwr wedi ystyried cynnwys Dehongliad 1 yn ofalus, ac wedi dangos gwybodaeth gyd-destunol fanwl er mwyn ystyried sut a pham y gallai'r hanesydd fod wedi dod i'r farn hon. Mewn gwirionedd mae'r myfyriwr yn cysylltu'r farn hon ag ysgolion ehangach o feddwl ar y mater, ac yn dadlau y gallai Mann fod wedi mabwysiadu'r safbwynt hwn oherwydd ei ddiffyg gwybodaeth fanwl am y cyfnod.

Mae Dehongliad 2 yn gwrth-ddweud yn llwyr y farn fod 1924–29 yn gyfnod o lwyddiant domestig yn bennaf, gan ddadlau nad oedd llwyddiant domestig yn ddim mwy na rhith. Mae'r detholiad yn awgrymu bod y blynyddoedd 1924–1929 yn ymddangos yn dawel ac yn sefydlog dim ond am eu bod yn gorwedd rhwng dau gyfnod o ansefydlogrwydd gwleidyddol ac economaidd. Mae Peukert yn dadlau mai yn ystod y blynyddoedd 1924–1929 y ffurfiwyd gwreiddiau'r argyfwng a ddilynodd yn 1929.

Mae'n debyg bod Peukert wedi dod i'r farn hon gan ei fod wedi edrych ar y blynyddoedd 1924–1929 yn fwy manwl o lawer, oherwydd bod ei gyfrol yn canolbwyntio'n llwyr ar gyfnod Weimar. Er enghraifft, mae'n debygol y byddai wedi sylwi bod amaethyddiaeth wedi cael cyfnod caled, a bod gormod o ddibyniaeth ar fuddsoddiad tramor. Mewn termau gwleidyddol, roedd nifer eithriadol o uchel o lywodraethau ac ni chymerodd yr SPD, y blaid fwyaf, ran mewn llywodraeth tan 1928. Byddai'r awdur wedi sylweddoli bod perygl gwirioneddol yn deillio o ariannu adferiad economaidd gyda help cyllid tramor yn bennaf.

Mae'n debygol fod Peukert yn adolygiadwr sy'n herio'r farn flaenorol am lwyddiant domestig. Byddai wedi edrych ar y dehongliad traddodiadol, a chasglu ei fod yn cynnig golwg gul a byrdymor iawn o'r cyfnod. Mae ei ymagwedd at hanes Gweriniaeth Weimar yn fwy tymor hir, felly mae'n ystyried dilyniant hanes.

ⓐ Mae'r myfyriwr wedi ystyried cynnwys Dehongliad 2 yn gywir, ac wedi dangos rhywfaint o wybodaeth gyd-destunol er mwyn ystyried sut a pham y gallai'r hanesydd fod wedi dod i'r farn hon. Mae'r myfyriwr yn dadlau ei bod yn debygol y gallai Peukert fod wedi mabwysiadu'r safbwynt hwn am fod ganddo olwg adolygiadol ar y gorffennol, a'i fod wedi ystyried barn haneswyr fel Mann a herio'u safbwynt.

Dehongliad posibl arall yw bod y cyfnod 1924–1929 wedi gweld rhywfaint o lwyddiant domestig, a rhai methiannau. Os edrychwch chi ar y cyfnod, gallech ddadlau bod y llwyddiannau'n rhai tymor byr ond bod y methiannau wedi digwydd ar hyd y cyfnod cyfan. Er enghraifft, roedd datblygu'r wladwriaeth les yn yr Almaen yn llwyddiant domestig gan iddi wella ansawdd bywyd llawer o bobl. Ac eto, fe ddieithriodd hyn y dosbarth canol, a deimlai eu bod yn talu amdani.

Yn gyffredinol, mae'n ymddangos bod yr olwg ar flynyddoedd 1924–1929 yn bennaf fel cyfnod o lwyddiant domestig yn gyffredinol ddilys. Ond mae'n parhau'n wir bod y problemau ar ôl 1929 hefyd wedi'u gwreiddio yn y cyfnod hwn. Mae modd dadlau bod y blynyddoedd hyn yn rhai o gamgyfrifo gwleidyddol ac economaidd, oedd yn anochel wedi helpu'r Weriniaeth i symud i'r dde yn wleidyddol. Mae'r blynyddoedd o lwyddiant mewn gwirionedd yn gysylltiedig â'r blynyddoedd o fethiant a ddilynodd.

ⓐ Mae'r myfyriwr wedi dadansoddi a gwerthuso'r detholiadau mewn ffordd ystyrlon, ac wedi dangos sut a pham mae dehongliadau gwahanol o'r gorffennol wedi'u ffurfio. Mae'r casgliadau yn ddilys, wedi eu cefnogi, ac yn gyffredinol gytbwys. Mae'n dangos rhywfaint o ddealltwriaeth o ddehongliadau posibl eraill, a'r ddadl hanesyddol ehangach.

ⓐ Sgôr: 23/30 marc = ar y ffin rhwng A* ac A

Myfyriwr B

Cynigir y dehongliad cyntaf gan yr hanesydd academaidd G. Mann, a'r dehongliad yw bod Weimar yn llwyddiannus rhwng 1924 ac 1929 gyda chyfnod o ffyniant domestig. Roedd y wlad yn sefydlog yn wleidyddol ac yn economaidd, ac wedi goroesi dyddiau tywyll gorchwyddiant. Dywed Mann y byddai Weimar wedi ffynnu'n barhaol oni bai am effeithiau catastroffig Cwymp Wall Street.

Mae'n hawdd gweld sut y daeth i'r farn hon, oherwydd ychydig iawn o wrthwynebiad i Weriniaeth Weimar a gafwyd yn y cyfnod 1924–1929. Ni chafwyd unrhyw ymdrech i ddymchwel y llywodraeth ar ôl 1923, a llwyddodd Clymblaid Fawr Stresemann gan ei bod yn glymblaid canol-dde oedd yn cynnwys y sosialwyr.

Mae Mann wedi derbyn y dehongliad traddodiadol mai hwn oedd 'cyfnod aur' y Weriniaeth, pan oedd y system yn gweithredu'n normal a'r dyfodol tymor hir yn edrych yn dda. Byddai hefyd yn ymwybodol bod polisïau Stresemann, fel yr arian cyfred newydd, y Rentenmark, yn effeithiol ac wedi arwain at dwf ac ehangu diwydiannau. Helpodd Cynllun Dawes i drawsnewid economi'r Almaen a dod â'r gwrthwynebiad di-drais yn y Ruhr i ben.

Mae'n debygol bod Mann yn derbyn y farn hon ar lwyddiant domestig Weimar yn y cyfnod oherwydd bod y llyfr mae wedi'i ysgrifennu yn un cyffredinol iawn, ac mae'n debygol nad oes ynddo ddyfnder gwybodaeth am y cyfnod. Mae'r ffaith fod y llyfr yn ymwneud â hanes yr Almaen ers 1789 yn lleihau dilysrwydd y dehongliad, gan ei fod yn cwmpasu cyfnod mor enfawr o hanes yr Almaen.

Hefyd, mae'n debygol ei fod wedi tynnu ar dystiolaeth o ddyddiaduron Stresemann, er na chafodd eu cynnwys llawn eu datgelu'n wreiddiol. At hynny, byddai'r ffaith bod y llyfr wedi'i ysgrifennu yn 1968, gyda mantais ôl-ddoethineb, hefyd wedi dylanwadu ar farn Mann. Mae'n debygol ei fod wedi cymharu cyfnod 1924–1929 â chyfnod 1918–1923, a gallai hyn fod wedi diffinio ei farn ar lwyddiant domestig yn ystod y blynyddoedd hyn. Efallai fod gan yr hanesydd hwn olwg fwy cyfyng ar y cyd-destun. Byddai hyn yn ei gwneud yn farn anghytbwys â thuedd, oherwydd ei fod yn dewis a dethol y dystiolaeth mae'n ei defnyddio.

ⓐ Mae'r myfyriwr wedi dangos dealltwriaeth glir o'r dehongliad a gyflwynir yn Nehongliad 1. Mae wedi dadansoddi a gwerthuso'r deunydd yn ei gyd-destun hanesyddol. Mae'r myfyriwr hefyd wedi dod i farn ar ddilysrwydd y dehongliad gan ddefnyddio'r wybodaeth gyd-destunol hon. Ceir rhai cyfeiriadau cyffredinol at yr awdur, gan gynnwys rhai sylwadau diangen yn gwerthuso'r ffynhonnell.

Cynigir Dehongliad 2 gan yr hanesydd academaidd D. J. K. Peukert, arbenigwr ar hanes yr Almaen, ac mae'n anghytuno â dehongliad Mann o lwyddiant domestig. Mae ei ddehongliad yntau yn cynnig y farn nad oedd cyfnod 1924–1929 mewn gwirionedd yn gyfnod o lwyddiant domestig. Roedd yn ymddangos yn well dim ond o'i gymharu â'r cyfnod cynharach. Roedd problemau strwythurol a thensiynau mewnol yn parhau, felly rhith yn unig oedd y llwyddiant domestig.

Mae Peukert yn cymryd golwg ehangach ar y cyd-destun hanesyddol. Mae'n dadlau nad oedd llawer o'r problemau domestig o fewn Weimar wedi'u datrys. Wrth ffurfio'r dehongliad hwn, byddai'n gwybod bod llawer o ansefydlogrwydd gwleidyddol yn parhau, oedd wedi'i achosi gan y nifer mawr o bleidiau gwleidyddol, gan olygu bod llywodraethau clymblaid yn llai effeithiol.

Roedd cynrychiolaeth gyfrannol yn cynnig llais gwleidyddol i'r pleidiau eithafol. Byddai'n gwybod hefyd fod Cytundeb Versailles yn dal mewn grym, oedd yn gwylltio'r cenedlaetholwyr yn yr Almaen. Parhaodd hyn i gronni dan yr wyneb, gan danseilio sefydlogrwydd domestig Weimar. Byddai hefyd yn gwybod bod y gwelliannau economaidd wedi'u hariannu'n allanol, a bod gwrthwynebwyr y Weriniaeth yn ystyried Cynllun Dawes yn weithred o gydweithio â gelynion yr Almaen.

Yn fy marn i, mae'r ffaith fod Peukert yn arbenigwr ar y cyfnod, ac yn wir teitl ei lyfr, *Gweriniaeth Weimar*, yn gwneud ei farn yn fwy dilys. Mae'n debygol hefyd ei fod wedi edrych ar hanes archifol penodol i lunio ei gasgliad, ac felly gall ganolbwyntio ar union gyd-destun hanesyddol y cyfnod hwn yn hanes yr Almaen.

ⓐ Mae'r myfyriwr wedi dangos dealltwriaeth glir o Ddehongliad 2. Mae'r myfyriwr wedi adnabod a chymharu'r ddau ddehongliad gwahanol o fewn y deunyddiau. Mae wedi dadansoddi a gwerthuso'r deunydd yn ei gyd-destun hanesyddol. Mae'r myfyriwr wedi dod i farn ar ddilysrwydd y dehongliad gan ddefnyddio'r wybodaeth gyd-destunol hon. Mae yma rai cyfeiriadau cyffredinol at yr awdur.

Mae trydydd dehongliad yn bosibl, fodd bynnag, sef bod sefydlogrwydd domestig rhwng 1924 ac 1929 yn fregus. Doedd y cyfnod ddim yn un o lwyddiant domestig, ond doedd llwyddiant domestig ddim yn rhith chwaith. Yn ôl yr haneswyr hyn, roedd sefydlogrwydd economaidd yn amrywio am nad oedd y sectorau i gyd yn gwella. Er enghraifft, methodd amaethyddiaeth â gwella'n dda cyn 1929, ac arweiniodd gorgynhyrchu byd-eang at gwymp mewn prisiau ac incwm is i ffermwyr yr Almaen.

I gloi, rwyf i'n cytuno ac yn anghytuno â'r farn fod y blynyddoedd 1924–1929 yn bennaf yn gyfnod o lwyddiant domestig i Weriniaeth Weimar, oherwydd roedd peth llwyddiant drwy bolisïau Stresemann – ond roedd cyfyngiadau ar y rhain, oherwydd gorddibyniaeth ar fuddsoddi tramor. Roedd hynny'n cuddio gwir gyflwr domestig yr Almaen yn y cyfnod.

Hefyd, yn wleidyddol, roedd tuedd gynyddol i fod yn feirniadol o'r system ddemocrataidd, a mwy o barodrwydd i feirniadu arweinyddiaeth yr SPD. Mae'r farn fod y blynyddoedd 1924–1929 yn bennaf yn gyfnod o lwyddiant domestig yn rhannol ddilys yn y tymor byr. Ond roedd hefyd yn gyfnod o gamgyfrifo domestig gan lywodraeth Weimar, oherwydd i hadau problemau'r 1930au gael eu hau yn ystod y cyfnod hwn.

ⓐ Yn gyffredinol, mae'r myfyriwr wedi gwneud rhywfaint o ddadansoddi a gwerthuso'r deunydd mewn ffordd ddilys, gyda rhywfaint o wybodaeth am ddehongliadau posibl eraill er mwyn llunio barn am yr ymholiad penodol. Dangosodd ddealltwriaeth resymol o ddehongliadau posibl eraill. Mae'r myfyriwr wedi ystyried cyd-destun y datblygiadau yn y deunydd i ddangos sut y gallai'r awduron fod wedi cyrraedd eu gwahanol ddehongliadau. Mae wedi gwneud rhai sylwadau mecanistig ar awduraeth y detholiad mewn perthynas â sut cafodd y dehongliad ei ffurfio. Nid oes ymdrech i ddangos dealltwriaeth o'r drafodaeth hanesyddol ehangach ar y mater, na pham mae gwahanol ddehongliadau wedi'u ffurfio.

ⓐ Sgôr: 20/30 marc = ar y ffin rhwng A a B

Myfyriwr C

Mae rhai haneswyr yn credu bod y blynyddoedd 1924–1929 yn gyfnod o lwyddiant domestig i Weriniaeth Weimar, ond mae eraill yn credu eu bod yn gyfnod o fethiant domestig neu lwyddiant dros dro yn unig.

Mae Dehongliad 1 yn awgrymu bod system wleidyddol Weimar yn ystod y cyfnod 1924–1929 yn gweithredu'n normal, gyda dyfodol tymor hir y Weriniaeth yn edrych yn iachus. Mae'r detholiad gan G. Mann, hanesydd academaidd, yn awgrymu bod y cyfnod yn llwyddiant parhaus, gyda thwf cyson yn economi'r Almaen. Byddai hyn yn awgrymu bod 1924–1929 yn gyfnod o lwyddiant domestig yn bennaf i Weriniaeth Weimar.

Fel arbenigwr ar hanes Ewrop, byddai G. Mann yn gallu gwerthuso cyflwr yr Almaen mewn ffordd ddysgedig. Ond mae'r dilysrwydd yn gyfyngedig o ystyried natur y llyfr. Mae'n gyfrol gyffredinol am hanes yr Almaen, ac efallai nad oes ynddi'r dyfnder i ymdrin yn fanwl â'r union bwnc. Ni fyddai'r gwerslyfr cyffredinol yn cynnwys manylion cyfoethog ar yr union bwnc, a chafodd ei gyhoeddi yn 1968, felly ni fyddai'n ystyried unrhyw ymchwil newydd.

Mae'r hanesydd wedi ffurfio'i farn o sail eang o wybodaeth, ac efallai fod diffyg gwybodaeth benodol angenrheidiol i ddod i farn wybodus ar y cwestiwn. Mae hyn yn ffactor sy'n cyfyngu'n sylweddol ar allu'r hanesydd i ffurfio ei farn ar ddigwyddiad neu gyfnod penodol o amser. Ychydig o ddealltwriaeth sydd gan y dehongliad er mwyn dod i farn ar ddilysrwydd y dehongliad.

ⓐ Mae'r myfyriwr wedi tynnu gwybodaeth o'r detholiad cyntaf mewn perthynas â'r cwestiwn a osodwyd. Ond nid yw wedi gwneud defnydd dethol o'r cyd-destun hanesyddol i esbonio pam mae'r hanesydd wedi ffurfio'r dehongliad hwn. Mae wedi cynnwys rhai cyfeiriadau cyffredinol at y cyd-destun. Mae'r myfyriwr wedi gwneud rhai sylwadau mecanistig ar awduraeth y detholiad a sut mae'r dehongliad hwn wedi'i ffurfio.

Ysgrifennwyd Dehongliad 2 gan D. J. K. Peukert, hanesydd academaidd sy'n arbenigo ar hanes yr Almaen ac union gyfnod amser Gweriniaeth Weimar. Yn wir, mae'r gyfrol yn canolbwyntio'n benodol ar Weriniaeth Weimar. Yn wahanol i Ddehongliad 1, mae Peukert yn honni bod blynyddoedd 1924–1929 yn cynnig rhith o lwyddiant domestig. Roedd tensiynau a rhwystredigaethau dyfnach yn parhau, a gafodd eu trosglwyddo i'r cyfnod honedig hwn o sefydlogrwydd domestig. Roedd y canol, oedd o blaid y Weriniaeth, wedi'i danseilio. Digwyddodd hyn drwy gydol y cyfnod. Enwir digwyddiadau penodol, fel Cytundeb Versailles a chwyddiant, yn y detholiad. Ond nid yw'r awdur yn esbonio'n fanwl i ba raddau y creodd y rhain rith o sefydlogrwydd yn unig.

Fel arbenigwr ar hanes yr Almaen, mae barn yr hanesydd yn fwy dilys o'i gymharu â Dehongliad 1. Gan fod yr hanesydd yn ysgrifennu yn 1991, byddai wedi gallu defnyddio mwy o adnoddau i lunio dehongliad mwy dysgedig. Felly mae hyn yn golygu bod Dehongliad 2 yn fwy dilys na Dehongliad 1. Mae gan Peukert hefyd fantais ôl-ddoethineb wrth ddod i gasgliad.

ⓐ Mae'r myfyriwr wedi adnabod a chymharu dehongliadau 1 a 2. Unwaith eto, nid yw'r myfyriwr wedi gwneud defnydd dethol o'r cyd-destun hanesyddol i esbonio pam mae'r hanesydd wedi ffurfio'r dehongliad gwahanol hwn. Mae wedi cynnwys rhai cyfeiriadau cyffredinol at y cyd-destun. Unwaith eto, mae wedi gwneud rhai sylwadau mecanistig ar awduraeth y detholiad a sut mae'r dehongliad hwn wedi'i ffurfio.

I gloi, nid wyf yn credu bod y cyfnod 1924–1929 yn bennaf yn llwyddiant. Rwyf i'n credu mai tir canol rhwng y ddau ddehongliad yw'r mwyaf dilys mae'n debyg. Roedd rhai llwyddiannau domestig dros dro. Roedd y system wleidyddol yn gweithio'n well gyda rhai gwelliannau economaidd.

ⓐ Mae'r ymateb yn ceisio ystyried cyd-destun y deunydd a chymharu dehongliadau gwahanol, gan gynnig barn gyfyngedig ar ddilysrwydd y dehongliad sydd yn y cwestiwn. Nid yw'r myfyriwr wedi ystyried yr amrywiaeth o ffactorau a allai fod wedi dylanwadu ar yr awdur a/neu'r ysgol hanes wrth ffurfio'r dehongliadau. Ceir ffocws mecanistig ar awduraeth a chynnwys y deunydd. Nid yw'r myfyriwr wedi cynnwys gwybodaeth ychwanegol, fel ymwybyddiaeth o ffordd wahanol o ddehongli'r cwestiwn a osodwyd. Nid yw wedi ystyried y cyd-destun hanesyddol yn ymwneud â sut a pham mae gwahanol ddehongliadau yn gallu cael eu ffurfio ar yr un pwnc.

ⓐ Sgôr: 15/30 marc = ar y ffin rhwng C a D

Atebion gwirio gwybodaeth

1 Tarddiad y mythau poblogaidd 'trywanu yn y cefn' a 'throseddwyr Tachwedd' oedd grymoedd adain dde gwrth-weriniaethol yr Almaen. Cawson nhw eu defnyddio i fwrw amheuon ar y gyfundrefn newydd o'r dechrau. Ar y naill law, roedden nhw'n honni bod yr Almaen wedi colli'r rhyfel gan i'r fyddin gael ei thrywanu yn ei chefn gan y gwleidyddion adain chwith anwlatgar gartref. Cafodd y rhain yr enw 'troseddwyr Tachwedd'. Dylech chi drin datganiadau o'r fath yn ofalus, gan eu bod wedi'u cynllunio i osgoi beirniadu methiant byddin yr Almaen yn ystod y rhyfel, ac yn enghraifft o bropaganda gwrth-ddemocrataidd adain dde.

2 Arweiniodd y newidiadau yn y llywodraeth rhwng Tachwedd 1918 ac Ionawr 1919 at drawsnewid yr Almaen o wladwriaeth awdurdodaidd, dan arweiniad personol y Kaiser, i fod yn wladwriaeth ddemocrataidd ddatblygedig dan awdurdod cyfunol llywodraeth glymblaid. Trosglwyddwyd grym oddi wrth y fyddin a'r Kaiser (a ildiodd y goron yn y pen draw) i'r Canghellor, y Tywysog Max von Baden, ac yna i Friedrich Ebert mewn llywodraeth dros dro. Yn dilyn etholiadau Ionawr 1919, daeth Ebert yn arlywydd cyntaf Gweriniaeth Weimar.

3 Dyma oedd y telerau yng Nghytundeb Versailles a achosodd y dicter mwyaf yn yr Almaen:
- Roedd yn ardrefniant gorfodol nad oedd yn cydnabod yr Almaen fel grym pwysig.
- Nid oedd yn cadw at Bedwar Pwynt ar Ddeg Wilson.
- Roedd yn sefydlu euogrwydd yr Almaen am y rhyfel, gan baratoi'r ffordd at dalu iawndal.
- Lleihaodd fyddin yr Almaen i lefelau oedd yn codi cywilydd arni.

4 Dyma oedd y gwendidau posibl yng Nghyfansoddiad Weimar:
- Roedd peryglon yn y system cynrychiolaeth gyfrannol, gan y gallai arwain at lu o bleidiau bach a chreu ansefydlogrwydd gwleidyddol. Gallai arwain at lywodraethau clymblaid gwan hefyd.
- Roedd yn gwneud gwleidyddiaeth yn amhersonol ac yn bell gan fod pobl yn pleidleisio ar sail buddiannau plaid yn hytrach na thros wleidyddion unigol.
- Roedd perygl posibl yn sgil ethol yr arlywydd gan y bobl, gan fod hyn yn creu'r potensial i'r arlywydd anwybyddu senedd yr Almaen a mynd yn syth at bobl yr Almaen.
- Byddai modd defnyddio hawl yr arlywydd i lywodraethu drwy ordinhad brys, o dan Erthygl 48, i danseilio'r broses ddemocrataidd. Golygai hyn fod yr arlywydd yn gallu pasio deddfau heb ymgynghori â'r Reichstag.

5 Dyma'r prif grwpiau a sefydliadau gwrth-ddemocrataidd adain dde yn y cyfnod 1918–1920:
- y Freikorps a'r Stahlhelm (mudiad parafilwrol cenedlaetholgar)
- grwpiau *völkisch*
- grwpiau elît ceidwadol, fel y fyddin, yr eglwys, y gwasanaeth sifil, y farnwriaeth a biwrocratiaeth

6 Sbardunwyd Putsch Kapp gan nifer o ffactorau. Roedd ardrefniant Versailles yn mynnu lleihau'r lluoedd arfog, a chafwyd galwadau eraill i chwalu brigadau'r Freikorps. Gwylltiodd hyn frigadau'r Freikorps, oedd eisoes yn wrth-ddemocrataidd ac yn gwbl wrthwynebus i'r llywodraeth ddemocrataidd. Roedd eu harweinwyr yn gwrthwynebu dadfyddino drwy orfodaeth.

Roedd Kapp a'i ddilynwyr hefyd yn gwrthwynebu'r ffaith fod y Cynulliad Cenedlaethol dros dro yn dechrau gweithredu'n fwy fel Reichstag parhaol.

7 Dangosodd Putsch Kapp nad oedd y fyddin yn cydymdeimlo â'r gyfundrefn. Roedd Ebert wedi gofyn i'r lluoedd arfog ymyrryd yn y putsch, ond roedden nhw wedi gwrthod, gan ddadlau ei bod yn broblem y tu hwnt i'w dyletswydd nhw. Doedd y llywodraeth ddim yn gallu dibynnu ar y fyddin bellach. Sefydlwyd llywodraeth newydd yn Berlin. Ond ychydig o gefnogaeth a gafodd, er i'r adain dde ddod i rym yn Bafaria, ardal a ddaeth yn ganolfan bwysig o eithafiaeth adain dde.

8 Digwyddodd Putsch München yn 1923 am nifer o resymau. Aeth Benito Mussolini ar ei 'Orymdaith i Rufain' yn yr Eidal, a chafodd hyn effaith fawr ar Hitler. Yn 1923, yn erbyn cefndir o feirniadaeth gynyddol, datblygodd argyfwng amlochrog yn y Weriniaeth yn sgil goresgyniad y Ruhr, gorchwyddiant a dod â gwrthwynebiad di-drais i ben. Roedd argyfwng economaidd 1923 yn cynnig amgylchiadau lle credai Hitler bod cyfle da i wrthryfel lwyddo. Wrth ddod â gwrthwynebiad di-drais i ben, daeth amgylchedd gwleidyddol i Bafaria oedd yn gwneud ymosodiad ar y llywodraeth yn debygol.

9 Dyma rai o'r rhesymau am y dirywiad yng ngwerth y Reichsmark erbyn 1923:
- cost niweidiol y Rhyfel Byd Cyntaf
- polisi annoeth y Weriniaeth o argraffu arian i gwrdd â diffygion cyllideb, a rhoi'r gorau i'r safon aur
- colli adnoddau naturiol yn Versailles a phwysau'r taliadau iawndal
- y teimlad cynyddol, yn enwedig yn Ffrainc, fod llywodraeth yr Almaen wedi trefnu anawsterau economaidd yr Almaen yn fwriadol
- polisi gwrthwynebiad di-drais, a roddodd fwy o straen ar economi'r Almaen, gan helpu i droi anawsterau economaidd yn argyfwng economaidd

10 Lluniwyd Cynllun Dawes gan bwyllgor o economegwyr ac arbenigwyr dan gadeiryddiaeth y banciwr o'r Unol Daleithiau, Charles Dawes. Nod y pwyllgor oedd datrys problem taliadau iawndal dan y slogan 'Busnes nid Gwleidyddiaeth'. Ym mis Ebrill 1924, cyhoeddodd y pwyllgor ei adroddiad, gan gynnig trefniant diwygiedig ar gyfer talu'r iawndal. Gosodwyd cyfradd gymedrol o daliadau, gan godi ymhen 5 mlynedd o £50 miliwn i £125 miliwn. Trefnwyd benthyciadau tymor byr gan yr Unol Daleithiau. Er enghraifft, rhwng 1924 ac 1929, aeth 25.5 biliwn *mark* i'r Almaen, a thalodd yr Almaen 22.9 biliwn *mark* mewn iawndal.

11 Roedd dod â gwrthwynebiad di-drais i ben yn cael ei ystyried yn weithred lwfr o gydweithredu, am fod yr Almaen yn dal wedi'i meddiannu. Drwy Gynllun Dawes, roedd llywodraeth a diwydiant yr Almaen bellach ym mhoced banciau buddsoddi'r Unol Daleithiau a buddsoddwyr bondiau. Roedd cenedlaetholwyr, yn cynnwys Hitler a Hugenberg, yn casáu'r ffaith fod economi'r Almaen dan reolaeth buddsoddwyr tramor. Ar ben hynny, nid oedd Cynllun Dawes yn lleihau cyfanswm cyffredinol yr iawndal. O ganlyniad, roedd gwrthwynebiad yr adain dde yn ei ystyried yn 'ail Versailles' ac yn weithred fradwrus arall.

12 Roedd y Gyfraith Rhyddid yn cynnwys ymwrthod â Chymal yr Euogrwydd am y Rhyfel, a thynnu milwyr y Cynghreiriaid yn ôl o dir yr Almaen ar unwaith. Pe bai unrhyw wleidydd yn llofnodi cytundeb o gyfaddawd gyda grymoedd estron, byddai'n cael ei ystyried yn fradwr.

13 Elfennau allweddol o athroniaeth Hitler yn *Mein Kampf*:
- Goruchafiaeth yr Ariaid ac uno pawb o darddiad hiliol cyffredin, gan gael gwared ar y rhai oedd ddim yn perthyn i'r gymuned hil
- Gwrth-Semitiaeth
- Darwiniaeth gymdeithasol a goroesiad y cymhwysaf (*survival of the fittest*)
- Gwyrdroi Cytundeb Versailles
- Gwrth-gomiwnyddiaeth
- *Lebensraum* sef 'lle i fyw' ar gyfer y bobl Almaenig
- Awdurdod gwleidyddol drwy'r Führerprinzip
- Volksgemeinschaft, sef creu cymuned genedlaethol a dileu pob elfen estron a fyddai, ym marn y Natsïaid, yn gwanhau'r Almaen.

14 Etholiad 1928: Roedd Hitler wedi treulio mwy o amser yn sefydlu ei reolaeth dros y Blaid Natsïaidd nag ar ymladd yr etholiad. Roedd gwell sefydlogrwydd ariannol a gwleidyddol, oedd yn lleihau apêl y pleidiau adain dde eithafol. Roedd yn ymddangos o'r diwedd fod y Weriniaeth yn ennill ei brwydr i wella'i delwedd gyhoeddus gyda phobl yr Almaen.

15 Chafodd y Blaid Natsïaidd ddim mwy o lwyddiant yn etholiad Tachwedd 1932 oherwydd bod y blaid yn brin o arian, roedd ysbryd ei haelodau'n isel, ac roedd yr etholwyr yn flinedig ac wedi cael digon ar etholiadau.

16 Esgyniad a chwymp Canghellor Brüning:

Pan oedd yn ymddangos yn amhosibl adeiladu clymblaid ddemocrataidd oherwydd bod y pleidiau cymedrol i gyd yn anghytuno â'i gilydd, heb unrhyw un blaid yn fodlon cydweithio â'r Natsïaid na'r Comiwnyddion, cafodd Brüning ei benodi'n ganghellor gan Hindenburg.

Gan ei bod yn amhosibl llunio llywodraeth â mwyafrif, roedd rhaid i Brüning ddibynnu ar ordinhadau arlywyddol, gan nad oedd angen cydsyniad llawn y Reichstag i'w pasio. Mewn gwirionedd, oherwydd y defnydd o ordinhadau arlywyddol roedd Brüning yn gwbl ddibynnol ar Hindenburg. Oherwydd methiant parhaus Brüning i atal y dirwasgiad economaidd a chreu sefydlogrwydd gweinidogol, penderfynodd Hindenburg ei gyfnewid am Franz von Papen yn 1932. Symudiad gwleidyddol a drefnwyd yn bennaf gan Kurt von Schleicher oedd hwn.

17 Yn 1925, roedd gohebwyr pleidiol o'r chwith a'r canol yn fodlon defnyddio unrhyw fath o sen a malais i ymladd y cadfridog o'r Rhyfel Byd Cyntaf. Er enghraifft, yn y flwyddyn honno cyhoeddodd Plaid y Canol daflen gyda'r teitl 'Pam nad wyf i'n pleidleisio dros Hindenburg'. Dyma'r rhesymau a roddwyd:
- roedd Hindenburg yn symbol o'r rhyfel, a byddai'n creu tensiynau gyda'r pwerau mawr eraill
- collodd y rhyfel yn y Gorllewin
- dyn milwrol ydoedd, ac nid gwladweinydd
- yn 78 oed, roedd yn rhy hen ac felly nid oedd yn ddigon abl o ran corff na deall i feistroli'r swydd.

18 Erbyn 1932, os oedd unrhyw un yn dymuno achub gweddillion llywodraeth seneddol, Gweriniaeth Weimar a rheolaeth cyfraith, roedd rhaid iddyn nhw bleidleisio i Hindenburg. Ond roedd dyfodol y Weriniaeth bellach yn nwylo dyn hen iawn, ac nid oedd erioed wedi llwyr gefnogi democratiaeth seneddol. Ond cysurodd cefnogwyr Hindenburg eu hunain â'r wybodaeth eu bod, am y tro o leiaf, wedi llwyddo i gadw Hitler allan o'r llywodraeth.

Sylwch: mae rhifau tudalen mewn print **bras** yn nodi lle gallwch ddod o hyd i ddiffiniadau termau allweddol.